装配式建筑建造系列教材

# 装配式建筑混凝土预制构件生产与管理

主　编　庞业涛　赵顺峰
副主编　郑　艳　吕　飞
主　审　刘志世

西南交通大学出版社
·成都·

图书在版编目（CIP）数据

装配式建筑混凝土预制构件生产与管理 / 庞业涛，赵顺峰主编. —成都：西南交通大学出版社，2020.6

装配式建筑建造系列教材

ISBN 978-7-5643-7464-8

Ⅰ. ①装… Ⅱ. ①庞… ②赵… Ⅲ. ①装配式混凝土结构－预制结构－高等职业教育－教材 Ⅳ. ①TU37

中国版本图书馆 CIP 数据核字（2020）第 101386 号

装配式建筑建造系列教材

Zhuangpeishi Jianzhu Hunningtu Yuzhi Goujian Shengchan yu Guanli

**装配式建筑混凝土预制构件生产与管理**

主　编／庞业涛　赵顺峰

责任编辑／姜锡伟

封面设计／吴　兵

西南交通大学出版社出版发行

（四川省成都市金牛区二环路北一段 111 号西南交通大学创新大厦 21 楼　610031）

发行部电话：028-87600564　028-87600533

网址：http://www.xnjdcbs.com

印刷：成都蜀雅印务有限公司

成品尺寸　185 mm × 260 mm

印张　13.5　　字数　337 千

版次　2020 年 6 月第 1 版　　印次　2020 年 6 月第 1 次

书号　ISBN 978-7-5643-7464-8

定价　39.80 元

课件咨询电话：028-81435775

# 前 言

装配式建筑是用预制部品部件在工地装配而成的建筑，发展装配式建筑是建造方式的重大变革。《中共中央　国务院关于进一步加强城市规划建设管理工作的若干意见》曾提出，要发展新型建造方式，大力推广装配式建筑，力争用 10 年左右时间，使装配式建筑占新建建筑面积的比例达到 30%。住房和城乡建设部又先后印发了《“十三五”装配式建筑行动方案》《装配式建筑示范城市管理办法》《装配式建筑产业基地管理办法》等文件，全国部分省、自治区和直辖市也印发了各省（区、市）装配式建筑发展的实施意见。大力发展装配式建筑是促进建筑业转型升级、实现建筑产业现代化的需要。我国每年城市新建住宅的建设面积约 15 亿平方米，对装配式专业化技术人才的需求巨大。要全面提升装配式建筑质量和建造效率，大力推行专业人才队伍建设已刻不容缓。

在建筑工业化的过程中，要实现设计的标准化、制造的工厂化、施工的机械化、装修的一体化、管理的信息化。其中，PC（Precast Concrete，预制混凝土）构件生产的工厂化是建筑工业化与传统建筑方式差别最大的地方。而作为培养建筑产业技术人才的广大院校，也要应对这种建造方式的改变带来的改革，适应建筑行业的转型升级，采取新策略着力培养装配式建筑构件生产与管理人才。

本教材结合与装配式建筑相关的现行国家、行业、地方及企业技术标准，系统阐述了构件预制工厂规划与建设、构件设计与模具制作、构件生产准备、构件生产工艺、构件存放及运输、质量管理、成本管理、安全生产与职业健康管理、工厂组织管理与工人管理、信息化管理等内容。本教材内容体系完整，图文并茂，由校企共同编写，企业提供真实案例。

本教材由重庆建筑科技职业学院庞业涛、深圳市花样年地产集团有限公司赵顺峰共同担任主编，重庆建筑科技职业学院郑艳、中建科技徐州有限公司吕飞共同担任副主编，亚泰集团沈阳现代建筑工业有限公司刘志世担任主审。庞业涛编写第一章、第二章、第三章、第四章、第五章、第六章、第八章、第十一章，重庆建筑科技职业学院文真、陈耕、杨婷编写第七章，郑艳编写第九章，重庆建筑科技职业学院冯亚飞、傅佳、郑杰珂编写第十章。庞业涛、赵顺峰、郑艳、吕飞负责全书统稿、修撰。

在教材编写过程中，长沙华晟宜居工程技术服务有限公司郑东华、江苏莱士敦建筑科技有限公司展德亮、亚泰集团沈阳现代建筑工业有限公司刘志世、江苏中南建筑产业集团有限责任公司张林、徐州方正会计师事务所王利军提供了大量的参考资料，并参与部分章节的编写与修改，在此表示衷心感谢！

本书在编写过程中，依据装配式建筑现行国家及部分地区的有关政策文件，参考了现行国家及部分地区施工、检验验收和生产标准，引用了有关专业书籍的部分数据和资料，在此向原作者致以衷心的感谢！

由于装配式建筑发展很快，现行国家及地区的有关政策文件、标准不断更新，各地管理措施及安装施工方法不尽相同，加之编者水平有限、时间仓促，书中难免存在不足之处，敬请广大读者和专家批评指正。

**编　者**

2020 年 5 月

# 目　录


第一章　构件预制工厂规划与建设 …… 1
　第一节　PC 构件生产模式选择与选址 …… 1
　第二节　构件预制工厂总体规划 …… 6
　第三节　设备选型与构件生产区布置 …… 15
　第四节　游牧式构件预制工厂规划 …… 23
　第五节　预制构件生产工厂发展现状与未来展望 …… 26
　思考题 …… 28
第二章　构件深化设计与模具设计、制作 …… 30
　第一节　构件深化设计 …… 30
　第二节　模具设计与加工 …… 35
　思考题 …… 42
第三章　构件生产准备 …… 43
　第一节　生产准备 …… 43
　第二节　技术准备 …… 45
　第三节　工装准备 …… 48
　第四节　原材准备 …… 50
　思考题 …… 55
第四章　构件生产工艺 …… 56
　第一节　构件预制工艺简介 …… 56
　第二节　一次浇筑成型构件生产工艺 …… 62
　第三节　二次浇筑成型构件生产工艺 …… 69
　第四节　预制楼梯生产工艺 …… 79
　思考题 …… 81
第五章　构件存放及运输 …… 82
　第一节　预制构件预制厂内转运 …… 82
　第二节　构件存放 …… 83
　第三节　构件运输 …… 87
　思考题 …… 92
第六章　预制构件生产质量管理 …… 93
　第一节　构件生产质量管理概述 …… 93

第二节　预制构件生产质量管理……98
思考题……115
第七章　构件生产成本管理……116
第一节　预制构件成本分析……116
第二节　预制构件生产成本控制的具体措施……120
思考题……125
第八章　构件安全生产与职业健康管理……126
第一节　安全管理组织机构与岗位职责……126
第二节　预制工厂安全生产管理……129
第三节　生产设备安全操作……132
第四节　职业健康管理与文明生产……140
思考题……143
第九章　工厂组织管理……144
第一节　工厂管理机构设置……144
第二节　产业工人管理与培训……149
思考题……152
第十章　构件生产信息化管理……153
第一节　BIM 技术应用……153
第二节　物联网技术应用……158
第三节　生产管理系统……160
第四节　实时监控系统应用……164
思考题……166
第十一章　预制构件生产设备……167
第一节　构件生产工艺与设备配置……167
第二节　PC 生产线主要设备功能介绍……170
附录一　××建筑科技有限公司 PC 构件质量标准……187
附录二　构件厂安全生产责任制管理办法……197
附录三　××公司 PC 构件奖惩实施细则……203
参考文献……209

# 第一章　构件预制工厂规划与建设

装配式建筑指的是将建筑的部分或全部构件在工厂预制完成，然后运至施工现场，将构件通过可靠的连接方式组装而成的建筑。装配式建筑区别于传统建筑的特征之一就是工厂化生产。工厂化生产的优点是标准化程度高（工艺设置标准化、工序操作标准化）、机械化程度高（生产效率高、用工量减少）、产品质量有保证（内控体系）、受气候影响小（室内作业）。构件预制工厂建设的重点问题，首先是要确定生产模式，选择基地化工厂生产还是游牧式工厂生产；其次，是确定构件预制工厂规划内容，主要包括厂址选择、工厂总平面布置、生产线及设备选型等。

## 第一节　PC 构件生产模式选择与选址

PC 构件生产有基地化工厂生产和游牧式工厂生产两种生产方式。工厂建设应根据市场需求、主要产品类型、生产规模和投资能力等因素首先确定采用什么生产工艺，再根据选定的生产工艺进行工厂布置。

### 一、生产规模

预制构件工厂的生产规模通常以年产预制构件混凝土立方量计，生产板式构件的工厂也可以以平方米计。从内部角度来看，生产规模由生产能力决定，并与工作平台数量和堆场面积有关；从外部角度来看，服务半径内建筑规模、装配式混凝土结构建筑的比例和其他预制构件预制厂家的情况是确定工厂生产规模的主要依据。

#### （一）生产能力的确定

按照城市周边市场的年规划建造面积，根据工厂生产的产品构成、市场平均预制率和装配率，计算出市场需求量。可采用表 1-1 的形式调查，通过统计近年各类型预制构件年需求量，推算发展趋势，根据产品结构、周边工厂数量及产能等因素确定预制构件工厂的生产能力。

#### （二）工作平台数量的确定

预制构件是在工作平台上制作的，因此工作平台的数量决定了构件的产量。假定构件的混凝土用量平均为 1.3 $m^3$，根据日产量和工作平台周转次数，可计算出所需要的工作平台数量。在实际中，为保证工厂的正常生产，工作平台通常考虑 20%的富余量。

表 1-1　市场规模预测示意

| 序号 | 预测项目 | 单位 | 数量（按年计） | | | | |
|---|---|---|---|---|---|---|---|
| | | | 2018 | 2019 | 2020 | 2021 | 2022 |
| 1 | 有把握参与建设的面积（内部市场） | $\times 10^4\ m^2$ | | | | | |
| 2 | 可以争取参与建设的面积 | $\times 10^4\ m^2$ | | | | | |
| 3 | （1+2）小计 | $\times 10^4\ m^2$ | | | | | |
| 4 | 按建筑面积折算成结构体积 | $\times 10^4\ m^3$ | | | | | |
| 5 | 对应建设面积房屋的预制率 | | | | | | |
| 6 | 钢筋混凝土预制构件体积 | $\times 10^4\ m^3$ | | | | | |

### （三）储存区面积的确定

构件储存区的面积须从工厂日生产能力，生产 28 d 的存放能力，预制墙体、叠合板、阳台等主要构件所需要的存放面积，以及必要的检修运输空间等方面考虑。

## 二、PC 构件生产模式的选择

装配式混凝土建筑的一大特点就是工厂化生产，也就是预制。工厂化生产是一种生产方式，不等同于在工厂里生产。预制混凝土构件大多在构件预制厂生产，也可以在现场生产，后者一般被称为游牧式生产。游牧式构件预制厂的所有设备，包括垫层都采用可搬迁、可移动方式，在成本、物流等方面具有固定式 PC 构件预制厂不可比拟的优势，搬迁后还不影响现场原有土地。游牧式工厂与基地化工厂对比见表 1-2。

表 1-2　PC 构件生产方式对比

| 基地化工厂生产 | 游牧式工厂生产 |
|---|---|
| 投资额大 | 投资额小 |
| 机械化程度高 | 机械化程度较低 |
| 自动流水线+固定模台 | 固定模台 |
| 蒸汽养护+自然养护 | 自然养护 |
| 劳动力需求小 | 劳动力需求大 |
| 受天气影响小 | 受天气影响大 |
| 运输成本高 | 运输成本低 |
| 固定式，不够灵活 | 灵活多变，可跟随项目移动 |

PC 构件的生产模式，没有哪种方式是绝对好的，无论是高度机械化自动化的生产模式，

还是露天作业的生产方式，适用于工程项目的才是最好的。

在住宅产业化发展相对滞后地区，游牧式构件预制厂较常规预制构件预制厂具有明显优势，具体体现在以下方面：

（1）游牧式构件预制厂布置灵活多样、实用性强、投资较小、建设周期短，有利于中小城市或特殊项目建筑工业化的推广应用，且能够有效避免产能不匹配的问题。

（2）短距离运输且运输设备小型化，减少了构件运输损耗，降低了综合成本，相比大型预制构件生产厂家，在运距、价格等方面具有一定优势。

（3）利于构件尺寸大型化、多样化，通过优化节点避免了裂缝等质量通病。

（4）能与现场紧密配合，及时发现并快速解决施工中的问题。

（5）产业工人固定化，利于总包单位组织管理，不受第三方因素的影响，也不增加税务成本。

游牧式工厂，也就是设在建筑工地上的 PC 构件预制厂。由于靠近建筑工地，游牧式工厂具有运距近、投资少、布置灵活等诸多优点。在目前建筑施工中，一些超宽、超高的大型 PC 构件，通常在现场游牧式工厂中预制生产。

## 三、构件预制工厂选址

选择在什么样的地方建厂，(也会影响)投资成本的大小，二者都将关系到能获得多少经济和社会效益，也是构件预制工厂建设工作中的重点。

### （一）构件预制工厂选址的影响因素

合理的工厂布置是保证整个生产系统能够高效、安全和经济运行的基础。因此，工厂布置与选址建设时，需结合区域总体规划，综合考虑周边环境、生产内容、产能需求、工艺流程、物流运输等因素。

#### 1. 项目选址的区域位置现状

（1）场地竖向标高。

合理地进行竖向设计，在满足使用功能的前提下尽可能节省土方工程量，可以有效降低土地平整的成本；同时，必须要考虑竖向设计是否会影响部分功能使其不能实现或需增加较大成本才能实现。

（2）地块尺寸及形状。

项目所在地用于规划区域的尺寸，在规划过程中会直接影响整个厂区生产、物流及配套的布局，进而影响产能规划。项目所在地用于规划的地块形状直接影响着各建筑物间的相对位置关系，合理的区域形状可使土地利用率最高，同时可为高效生产提供各种便利条件。

如图 1-1 所示，两个厂区红线图内地域形状不同，将形成两种不同的规划风格。将上述两个方案进行对比，在投入成本、物流规划以及工艺方案上左侧的方案优势明显，比如，车间与堆场共用起重机减少设备投入，物料及成品输送通道更为顺畅。

（a）

（b）

图 1-1　构件预制工厂规划方案

2. 项目所在地现有构建筑物对规划方案的限制

某项目限制条件为一条航油管线斜穿厂区，则在管线两侧各 50 m 范围内不得设置永久性建筑，如龙门吊堆场、生产厂房等则不得建设在此 100 m 范围内，见图 1-2。

图 1-2　某构件预制工厂规划

3. 项目所在区域配套设施影响

水——生活用水、生产用水。

生活用水：必须符合饮用水标准，多采用市政供水管网；

生产用水：混凝土搅拌用水、蒸汽用水、构件冲洗用水等。

混凝土搅拌用水必须符合搅拌用水标准，构件重新用水可以使用处理后的污水。因生产用水量较大，大多数工厂采用自打井，通过水源地泵审批即可使用。

电——办公、生活用电，生产用电。

一般 PC 厂用电总功率不低于 800 kV · A，所以在建厂选址过程中应注意是否需要单独增容设线，此项对建设过程中实际操作及投资额均有影响。

气——推荐用于蒸汽锅炉燃烧介质。

目前，环保审批在项目立项及手续办理过程中较为严谨，涉及锅炉项目，一般在燃烧介质上必须使用油或气等洁净能源，从综合成本上考虑，燃气锅炉较为经济。同时，燃气作为锅炉燃烧介质是目前相关管理部门推荐的。

暖——办公及生活供暖、车间供暖。

目前，按相关政策要求，办公及生活供暖多采用联网集中供暖。车间是否采暖将与生产相关，所以推荐使用蒸汽锅炉自供暖。

汽——生产上用于构件养护。

集中供暖无法满足生产用蒸汽使用要求，一般自建蒸汽锅炉。

上述各种配套设施若单独建设既影响工期，又增大资本投入，所以建议选址时予以考虑。

### 4. 工业用地指标规定

《工业项目建设用地控制指标（试行）》（国土资发〔2008〕24 号）对投资强度、容积率、建筑系数、行政办公及生活服务设施用地所占比重作了规定。

（1）投资强度。

以沈阳为例，PC 构件业属于工艺品及其他制造业行业，行业代码为 3122，地区分类，沈阳土地等别为四等，城市分类为 1 类，则其投资强度应≥1555 万元/公顷。

（2）容积率。

按行业要求，容积率不低于 1.0。

（3）建筑系数。

项目用地范围内各种建筑物、用于生产和直接为生产服务的构筑物占地面积总和占总用地面积的比例，不应低于 30%。

（4）行政办公及生活服务设施用地所占比重。

工业项目所需行政办公及生活服务设施用地面积不得超过工业项目总用地面积的 7%。

（5）绿化率。

工业企业内部一般不得安排绿地。但因生产工艺等特殊要求需要安排一定比例绿地的，绿地率不得超过 20%。

### 5. 工厂生产运营管理

工厂产能、物流运输、产品类型、运输半径等都会影响厂址选择。

（1）厂房面积（根据客户信息输入如项目数量、年产量、生产节拍、供货方式等确认厂区面积基本需求，再根据物流方式、生产方式、功能区域面积、办公区域大小、辅助用房占地、厂区道路及绿化面积对布局进行优化，最终提出实际厂区面积使用需求）。

（2）成本（政府优惠政策、土建投资、水暖电气接入厂房成本及今后使用成本、物流成本及人员交通成本等）。

（3）离项目距离（考虑项目节拍及生产周期是否足够，考虑正常使用和备用供货物流路线）。

（4）人员招聘便利性（周边劳动力资源是否能满足用工需求）。

（5）医疗救护便利性（一旦有工伤事故或员工身体不适的应急方案）。

（6）其他（根据项目不同而产生变化的其他因素）。

### （二）工厂选址要求

工厂选址的五大要求：合法、经济、安全、方便、合理。

1. 合　法

不侵占、使用国家划定的永久基本农田，选择非永久基本农田并且已办理合法出让手续，或手续齐备的工业用地。要取得建设用地规划许可证，并通过建设项目环境影响评价文件的审批许可。

2. 经　济

首先，所选择的厂址是否在可行性研究报告中所划定的PC构件有效经济供应半径以内，工厂与原材料供应地、产品销售地的距离是否超出有效经济供应半径。其次，选择的地块要尽量平整，确保场地整平时填挖平衡，不产生大量的借土和弃土。在一般情况下，尽量不在软基和起伏过大的丘陵山区建厂，以减少工厂建设过程中的软基处理和土石方开挖爆破的工程量，降低工程造价。最后，地面以上的房屋等建筑拆迁量，庄稼、树木等砍伐量，青苗补偿要在经济合理的承受范围以内。

3. 安　全

工厂的地理位置和环境，要满足相关法律法规规定的防洪、防雷要求，避开滑坡、泥石流等地质灾害地带，远离危险化学品、易燃易爆等危险源。

构件预制工厂建成后也不得对周围环境和常住人群的生活环境造成破坏和污染。

4. 方便、合理

首先，要考虑工厂附近和经济运距范围内是否有可靠的资源供应和能源供给，例如砂石料的供应，附近是否有电、水、天然气、通信的接入条件，周围的交通能否满足方便各种原材和产品及时顺利地进出工厂的需求。其次，也要考虑工人日后生活的方便性。最后，还要关注工厂周围的民风民俗，能否与周围的居民和谐共处，这也是以后构件预制工厂能否顺利生产的一个重要影响因素。

因此，工厂选址应多考察几个地块，在综合考虑以上因素，进行比对分析后，再从中选取一个优良厂址。禁忌随意、仓促选址。

## 第二节　构件预制工厂总体规划

构件预制工厂规划时，首先根据构件预制工厂可行性研究报告、企业的经济技术状况、对构件预制工厂的预期，进行工厂的总体规划；其次，还应考虑厂址所在地允许扩展的空间、PC 产品定位和产量需求、PC 构件生产线主要设备的性能参数以及堆场面积的需求等因素。构件预制工厂建设的主要内容是生产车间（钢结构厂房）、成品堆场、办公及生活配套设施（如办公研发楼、宿舍餐饮楼）、锅炉房、搅拌站等生产配套设施、园区综合管网、成品展示区等。

## 一、构件预制工厂总体规划原则

在选址上，因地制宜，充分利用现有条件，做到交通便利、物流畅通；
在技术上，生产线适用性强，设备性能稳定可靠、运转安全、操作维修方便；
在经济上，建设成本可控，后期运行维护成本低，生产线可塑性强；
在环境上，环境绿化与空间组合协调，努力改善工厂和工作环境，符合环保要求。
此外，还要考虑如何对待规划区域及将来扩建的可能性。

## 二、构件预制工厂总体规划内容

构件预制工厂规划设计包括对构件预制工厂建设进行工厂总平面设计（包含厂区规划、生产线工艺规划、厂内物流系统、厂外物流系统、厂内人流系统、厂外人流系统、垂直起吊系统、安全防护系统、生产工艺系统、人员配置、给排水系统、蒸汽养护系统等）、工艺设计、生产系统规划、设备选型及经济测算分析等内容。

### （一）总平面设计原则和工厂总平面布置

#### 1. 总平面设计原则

建筑工业化的主要手段就是构配件生产的工厂化，合理的工厂布置设计可以减少使用成本，提高生产效率。总平面设计要遵循以下原则：

（1）总平面设计必须执行国家及地方的规范、标准，按设计任务书进行，如《建筑设计防火规范》、《民用建筑设计通则》、《工业企业总平面设计规范》、跟生产内容相对应的专项设计规范、建设规划局出的规划建设要点等。

（2）总平面设计必须以所在城市的总体规划、区域规划为依据，符合总体布局规划要求，如场地出入口位置、建筑体形、层数、高度、公建布置、绿化、环境等都应满足规划要求，与周围环境协调统一。同时，建设项目内的道路、管网应与市政道路与管网合理衔接，以满足生产要求、方便生活。

（3）总平面设计应结合当前土地的自身条件，如地形、地势、地质、方位、水文、气象等自然条件，依山就势，因地制宜。

（4）总平面设计应结合地形，合理地进行用地范围内的建筑物、构筑物、道路及其他工程设施的平面布置，如建筑物面积、高度及出入口的位置等。

（5）总平面设计应考虑建筑物之间的距离，其距离应满足生产、安全、日照、通风、抗震及管线布置等各方面要求。

（6）总平面设计应对原有的不可拆除的建筑物、构筑物或设施等，进行重新布局，考虑其供电能力、供排水能力及通风照明能力等。

（7）总平面设计应尽力降低成本，把资源、设备、空间、能源等有效地最大化利用。

2. 工厂总平面布置

PC 工厂按照可行性研究报告中的规划进行设计和布局，同时兼顾整个工厂内各生产项目的投资顺序和 PC 生产线日后提能扩产的要求。PC 工厂整体由构件生产区、构件成品堆放区、办公区、生活区、相应配套设施等组成，具体可分为 PC 生产厂房、办公研发楼、成品堆场、混凝土原材库、成品展示区、实验室、锅炉房、钢筋及其他辅材库房、配电室、宿舍楼、餐饮楼等。构件生产车间由 PC 构件生产线、钢筋加工生产线、车间内 PC 构件临时堆放区、混凝土搅拌运输系统、高压锅炉蒸汽系统、桥式门吊系统、动力系统等组成。

预制构件工厂的基本设置大体上都一样，按功能分为三大区域：生活办公区、生产区、存放区，见图 1-3、图 1-4。总平面布置根据项目各单项工程、工艺流程、物料投入产出、废弃物排出及原料贮存、内外交通运输等情况，按地块的自然条件、生产要求与功能以及行业、专业的设计规范进行安排。

图 1-3 某构件预制工厂总平面布置方案一

图 1-4 某构件预制工厂总平面布置方案二

（1）生产区。

生产区一般为大跨度单层钢结构厂房，车间设计 2 ~ 4 跨不等，生产区长度为 120 ~ 180 m，单跨宽 24 ~ 27 m，每跨车间内需配桁车至少 2 台，其起吊高度不小于 7 m。地面作硬化处理，硬化层不低于 20 mm 厚。生产线振动系统工位及蒸养房工位地面需作地基处理，主要布置部品部件生产线和钢筋加工线、混凝土搅拌站等，部品部件生产线可布置综合环形生产线（可生产叠合板、内外墙板）、固定模台生产线、楼梯阳台空调板生产区等。

① 综合环形生产线。

综合环形生产线主要产品为带保温外墙板，也可兼顾生产内墙板（含内承重墙和内隔墙）和叠合板。综合环形生产线采用高精度、高结构强度的成型模具，经布料机把混凝土浇筑在模具内，振动台振捣后并不立即脱模，而是经预养护和蒸汽养护，使构件强度满足设计强度时才进行拆模处理，拆模后的 PC 构件成品运输至成品暂存区或室外成品堆放区，而空模台沿输送线自动返回，形成了自动化环形流水作业，见图 1-5。

环形生产线根据生产构件类型的不同，在工位布置上会有一定的变化，但其整体思路都是一种封闭的连续的环形布置。环形生产线具有效率高、能耗低的优势，但一次性投入的资金大，是目前国内普遍采用的 PC 构件生产流水线方式。

② 固定模台生产线。

固定模台生产线是在固定位置放置模台，制作构件的所有操作均在模台上进行，材料、人员相对于模台流动。固定模台生产线是平面预制构件生产线中常用的一种生产方式。模台一般是一块平整度很高的钢结构平台。常用模台尺寸为预制墙板模台 4 m×9 m，预制叠合楼板一般为 3 m×12 m，预制柱梁构件为 3 m×9 m。在生产时，模台作为构件的底模，与四周可拆卸侧模组成完整的模具。固定模台生产线自动化程度较低，需要更多工人，但是该工艺具有设备少、投资少、灵活方便等优点，适合制作墙板、楼梯、阳台、飘窗等异型复杂构件，见图 1-6。

图 1-5　自动流水生产区

图 1-6　固定模台生产区

固定模台生产线布置时应考虑下列因素：

a. 车间面积应满足模台摆放、作业空间和安全通道的需要。

b. 每个固定模台要配有蒸汽管道和自动控温装置，可定做移动式覆盖缝来保温覆盖。

c. 当采用运料罐车运送混凝土时，固定模台处应方便运料罐车进出。

d. 加工好的钢筋可通过起重机或运输车运输到模台处。

e. 混凝土的振捣多采用振动棒，板类构件可以在固定模台上安放附着式振捣器。

③ 异型构件生产区。

异型构件生产区主要用于生产预制楼梯、预制阳台和预制空调板等 PC 构件。楼梯阳台空调板的生产采用定制模具的生产工艺，通过定制与楼梯、阳台、空调板相配套的模具进行生产。阳台、楼梯构件生产台座需特殊处理。

④ 钢筋加工区。

钢筋加工区（图 1-7）是 PC 构件工厂的重要组成部分，除了预应力板外，各构件工艺的钢筋加工都应设置钢筋加工车间，完成钢筋原材的调直、切断、成型、绑扎、成品储存等工序，为 PC 各生产区供应钢筋半成品及成品。很多工厂将钢筋车间与构件制作车间布置在一个厂房内，且钢筋加工生产线宜采用自动化数控设备，可选用数控钢筋调直切断机、数控钢筋弯曲机、钢筋网成型机、钢筋连接接头加工机械、钢筋冷加工等设备及自动桁架钢筋生产线，具体设备可根据实际生产需求配置。

（a）

（b）

图 1-7　钢筋加工区

就目前国内建筑结构体系而言，钢筋加工可以采用自动化的预制构件包括叠合楼板、女儿墙、非承重内隔墙、夹芯保温板、外叶板和非承重外挂墙板等。尚无法做到钢筋加工自动化的构件包括楼梯、阳台板、柱、梁、三明治外墙板、剪力墙板、其他造型复杂的构件等。

⑤ 混凝土搅拌站。

构件预制工厂搅拌站有两种类型，PC 构件预制工厂专用搅拌站和商品混凝土搅拌站兼给工厂供应混凝土。需要注意商品混凝土与构件混凝土的不同。最好是单独设置搅拌机系统。

混凝土搅拌站是 PC 构件工厂的主要生产设施，搅拌站位置最好布置在距生产线布料点近的地方，以减少路途运输时间，一般布置在车间端部或端部侧面，通过轨道运料系统将混凝土运到布料区。对于固定模台工艺，搅拌站系统宜考虑满足罐车运输混凝土的条件。

混凝土搅拌站（图 1-8）包括原材料储存区、混凝土生产区与中控室等，采用全封闭车间生产模式，以减少粉尘和噪声的污染；砂石原材料自然堆放于指定储存区；水泥、粉煤灰等掺和料采用筒仓储存。车间生产线应根据实际生产规模合理确定水泥筒仓、粉煤灰筒仓、特殊添加剂筒仓等设施。

图 1-8　混凝土搅拌站

⑥ 材料存放区。

材料存放区用于存放车间生产用材料，例如钢筋、保温板、铝窗、瓷砖、黏合剂、预埋件及其他生产辅助材料等，存放区宜设置在生产工位附近且便于管理的位置。

（2）构件储存区。

构件预制工厂构件储存区（图 1-9）不仅是构件存储场地，也是构件质量检查、修补、粗糙面处理、表面装饰处理的场所。构件储存区分为车间内和车间外两种，详见本书第五章第二节内容。室外场地面积一般为制作车间的 1.5 ~ 2 倍。地面尽可能硬化，至少要铺碎石，排水要通畅。室外场地需要配置 16 ~ 20 t 龙门式起重机，场地内有构件运输车辆的专用道路。

预制构件的储存区布置应与生产车间相邻，以方便运输，减少运输距离。检验合格的半成品可以通过同一轨道的吊车转入构件储存区，形成流水作业。

（a）

（b）

图 1-9　构件储存区

（3）实验室。

实验室（图 1-10）一般设在办公楼一楼或车间内，实现主要原材料及生产过程的检验与记录，主要由地方材料室、混凝土室、力学室、标养室及留样室等组成。其功能主要有：做砂石等材料的一般物理测试，进行混凝土试配、强度检验、试块养护、原材留样、配合产品研发等。

图 1-10　实验室

（4）锅炉房。

预制构件生产用蒸汽主要用来进行构件的蒸汽养护。如果有市政集中供蒸汽，应采用市政供汽，但要设置自己的换热站。没有集中供蒸汽时须自建锅炉生产蒸汽，一般采用清洁能源（柴油、天然气、生物秸秆等）作为燃料。锅炉房宜就近配备，内设燃气锅炉，通过蒸汽管道为养护仓提供适宜的温度湿度条件，有效缩短构件养护时间；若距离养护仓较远，蒸汽管道应采取保温措施，以减少热能的损失。

（5）污水及废弃物处理设施。

在车间成品区尾部设置三级污水处理池，混凝土搅拌站设置污水处理循环利用系统。考虑水循环利用，根据现场条件设置雨水、废水收集循环系统。厂区内应设置专门的固体废弃物回收处，主要用于临时存放混凝土废渣等废弃物。

（6）配电室

工厂用电根据设备负荷合理规划设置配电系统，配电室宜靠近生产车间。比如，年产 10 万立方米预制构件的工厂用电量为 80 万 ~ 100 万千瓦时。

（7）配套设施。

配套设施主要指生产、生活的辅助设施，包括办公楼、职工宿舍、食堂及工作休闲区等。配套设施所在区域一般应该与生产园区有明显分界，使工人工作之余能够更好地休息。根据生产能力估算所需生产人员和管理人员数量，根据人数设定办公室、食堂与宿舍建筑规模和类型。场内绿化，以为工人及管理人员提供良好的生活环境。

（8）厂区道路。

厂区道路（图 1-11）在满足生产需求的同时，要做到物流顺畅有序。厂区主干道构成环状路网，各路相通。厂区物流出入口应紧邻市政道路。厂区交通要做到人、物分流。厂区道路一般采用水泥混凝土路面。主干道路面宽度不小于 7 m，次干道为 5 m。对厂前区、道路两侧及新建建筑物、构筑物周围皆予以绿化，种植花草和树木，以达到减少空气中的灰尘、降低噪声、调节空气温度和湿度及美化环境的目的，为工作人员创造一个良好的户外活动场所。

图 1-11　厂区道路

## （二）工艺设计

预制混凝土构件产品生产的全部工艺内容包括：PC 构件生产的整套生产工艺流程图设计说明；构件生产工艺，包括外墙板生产工艺（包括正、反打工艺），内墙板生产工艺，叠合楼板生产工艺，空调板、女儿墙生产工艺，楼梯、阳台、PCF 板等异型构件生产工艺以及其他 PC 构件的生产工艺；构件养护工艺设计。

## （三）生产系统规划

根据产能需求及生产工艺特点提供生产系统规划，包括：依据产品种类及生产工艺，规划 PC 构件生产线布局方式，包括混合式生产线、外墙板生产线、内墙板生产线、叠合板生产线、固定模台生产线；混凝土拌和及运输方式的布局规划；钢筋加工系统布局规划及周转方式的确定；工厂及厂区内垂直起吊系统的规划；生产过程物料周转方式的规划；生产车间内的辅助功能区域布局与规划；生产车间内安全通道及人行通道等的规划；构件存储及运输方式规划。

## （四）生产线布局、设备选型及投资测算

根据生产工艺特点规划生产线布局及相关配置，按照生产线布局配置的特点确定相关的辅助设备及设施，辅助进行其他设备的采购招标，并根据产能规划及投资规模提供构件成本分析、建厂投资测算等数据分析。

### 1. 生产线布局规划

根据生产工艺特点规划生产线布局及相关配置，比如混合式生产线布局及配置规划、外墙板生产线布局及配置规划、内墙板生产线布局及配置规划、叠合板生产线布局及配置规划、异型构件生产线布局及配置规划。

2. 辅助设备选型规划

根据生产线布局配置的特点确定相关的辅助设备及设施，包括：起重设备选型及配置规划，搅拌站设备选型及配置规划，钢筋加工设备选型及配置规划，锅炉、空压机设备选型及配置规划，供电、供水设施的规划，机修设施的选型规划，实验室设施的选型规划，工装系统的配置规划，安全防护系统的配置规划。

3. 生产系统技术要求

根据自动化生产线的布局、配置，深入规划各单机设备的功能及控制要求，包括：生产车间的基本规划布局方案、生产系统给排水点的位置及相关技术要求、生产系统污水沉淀池的规划方案及污水排放等规划、生产系统电力供应规划的相关数据及相关的点位方案、生产系统蒸汽供应及用汽点的规划方案、生产系统运输道路的规划方案、其他工厂设计过程的技术支持。

4. 经济测算

根据产能规划及投资规模提供构件成本分析、建厂投资测算等的数据分析，包括：提供预制构件产品成本分析、盈亏平衡分析、利润测算。

预制构件制作有不同的工艺，采用何种工艺与构件类型和复杂程度有关，与构件品种有关，也与投资者的偏好有关。合理的工厂布置是保证整个生产系统能够高效、安全和经济运行的基础。因此，工厂在布置与选址建设时，需结合区域总体规划，综合考虑周边环境、生产内容、产能需求、工艺流程、物流运输等因素。

## 三、工厂基本设置

预制构件预制厂人员、建筑面积、各种场地及道路、设备及能源配置见表 1-3。人员根据产能和生产工艺灵活调整。在工厂达到满产及正常生产的情况下，辅助人员（保安、厨师、勤杂）根据公司运营状况配置。

表 1-3　工程基本设置一览

| 类别 | 项目 | 单位 | 生产规模/$m^3$ | | | |
|---|---|---|---|---|---|---|
| | | | 5 万 | | 10 万 | |
| | | | 固定模台 | 流水线 | 固定模台 | 流水线 |
| 人员 | 管理技术人员 | 人 | 15 ~ 20 | 15 ~ 20 | 20 ~ 30 | 20 ~ 30 |
| | 生产工人 | 人 | 75 ~ 80 | 25 ~ 40 | 120 ~ 150 | 70 ~ 90 |
| | 人员合计 | 人 | 80 ~ 100 | 40 ~ 60 | 130 ~ 170 | 90 ~ 120 |
| 建筑 | 预制构件制作车间 | $m^2$ | 6 000 ~ 8 000 | 4 000 ~ 6 000 | 12 000 ~ 16 000 | 10 000 ~ 12 000 |
| | 钢筋加工车间 | $m^2$ | 2 000 ~ 3 000 | 2 000 ~ 3 000 | 3 000 ~ 4 000 | 3 000 ~ 4 000 |
| | 仓库 | $m^2$ | 100 ~ 200 | 100 ~ 200 | 200 ~ 300 | 200 ~ 300 |
| | 实验室 | $m^2$ | 200 ~ 300 | 200 ~ 300 | 200 ~ 300 | 200 ~ 300 |

续表

| 类别 | 项目 | 单位 | 生产规模/$m^3$ | | | |
|---|---|---|---|---|---|---|
| | | | 5万 | | 10万 | |
| | | | 固定模台 | 流水线 | 固定模台 | 流水线 |
| 建筑 | 工人休息室 | $m^2$ | 50～100 | 50～100 | 100～200 | 100～200 |
| | 办公室 | $m^2$ | 1 000～2 000 | 1 000～2 000 | 1 000～2 000 | 1 000～2 000 |
| | 食堂 | $m^2$ | 300～400 | 200～300 | 400～500 | 400～500 |
| | 模具修理车间 | $m^2$ | 500～700 | 500～700 | 800～1 000 | 800～1 000 |
| | 建筑面积合计 | $m^2$ | 10 150～14 700 | 6 050～10 600 | 1 700～24 300 | 15 700～20 300 |
| 场地、道路 | 构件存放场地 | $m^2$ | 10 000～15 000 | 10 000～15 000 | 20 000～25 000 | 20 000～25 000 |
| | 材料库场 | $m^2$ | 2 000～3 000 | 2 000～3 000 | 3 000～4 000 | 3 000～4 000 |
| | 产品展示区 | $m^2$ | 500～800 | 500～800 | 500～800 | 500～800 |
| | 停车场 | $m^2$ | 500～800 | 500～800 | 800～1 000 | 800～1 000 |
| | 道路 | $m^2$ | 5 000～6 000 | 5 000～6 000 | 6 000～8 000 | 6 000～8 000 |
| | 绿地 | $m^2$ | 3 400～4 600 | 3 400～4 600 | 4 500～5 500 | 4 500～5 500 |
| | 场地合计 | $m^2$ | 21 400～29 200 | 21 400～29 200 | 30 300～44 300 | 30 300～44 300 |
| 设备、能源 | 混凝土搅拌站 | $m^3$ | 1～1.5 | 1～1.5 | 2～3 | 2～3 |
| | 钢筋加工设备 | t/h | 1～2 | 1～2 | 2～4 | 2～4 |
| | 电容量 | kV·A | 400～500 | 600～800 | 800～1 000 | 1 000～1 200 |
| | 水 | t/h | 4～5 | 4～5 | 5～6 | 5～6 |
| | 蒸汽 | t/h | 2～4 | 2～4 | 4～6 | 4～6 |
| | 场地龙门式起重机（20 t） | 台 | 2（16 t、20 t） | 2（16 t、20 t） | 2～4（16 t、20 t） | 2～4（16 t、20 t） |
| | 车间行式起重机（5 t、10 t、16 t） | 台 | 8～12 | 4～8 | 10～16 | 4～8 |
| | 叉车（3 t、8 t） | 辆 | 1～2 | 1～2 | 2～3 | 2～3 |

# 第三节　设备选型与构件生产区布置

## 一、设备选型及采购

### （一）设备选型原则

原则上要选择技术先进、经济合理、操作灵活、经久耐用、维修方便、安全可靠、生产作业效率高、污染小且安全适用、备件易采购、易损件使用寿命长的生产设备。

1. 适用性原则

所选购的设备应与生产及扩大再生产规模相适应，与项目产品方案相适应，以达到发挥其资源优势、降低原材料和能耗、提高产品质量的目的。适用性包括适应性和实用性。在选择设备时，要充分考虑到生产作业的实际需要，所选设备要符合产品的特性，能够在不同的作业条件下灵活方便地操作。实用性就是要恰当选择设备功能。生产设备并不是功能越多越好，因为在实际作业中，并不需要太多的功能，如果生产设备不能被充分利用，则会造成资源和资金的浪费。同样，功能太少也会致使生产效率降低。因此要根据实际情况，正确选择生产设备功能。

2. 先进性原则

这里的先进性主要是指生产设备技术的先进性，主要体现在自动化程度、环境保护、操作条件等方面。生产设备在满足生产需要的前提下，要求设备的技术性能指标保持先进水平，以利于提高产品质量和延长设备技术寿命，提高产品在市场上的竞争能力。但是先进性必须服务于适用性，尤其是要有实用性，以取得经济效益的最大化。

3. 经济原则

这主要指的是生产设备价格合理，在使用过程中能耗、维护费用低，并且投资回收期较短。有时候，先进性和低成本会发生冲突，这就需要在充分考虑适用性的基础上，进行权衡，做出合理选择。

4. 可靠性和安全性原则

可靠性和安全性是选择生产设备、衡量生产设备好坏的主要因素。可靠性是指生产设备按要求完成规定功能的能力，是生产设备功能在时间上的稳定性和保持性。但是可靠性不是越高越好，必须考虑到成本问题。安全性要求生产设备在使用过程中保证人身及产品的安全，并且尽可能地不危害到环境（符合环保要求，噪声少，污染小）。

## （二）设备供货商的选择

1. 厂商的选择

对有特殊需求的设备，要求设备厂家有相关的设计经验、业绩以及能够根据需求进行深化设计的厂商。

2. 设备的标准性和开放性

所选择的设备必须能够支持业界通用的开放标准和协议，以便能够和其他厂商的设备有效地互通。

3. 锅炉选型及能源供应方式选择

（1）选择燃气锅炉作为该项目的供气设备。燃气锅炉既符合环保要求，又最大限度地降低了成本。经过调研，能源供应充足。除了燃煤外，燃气的运行成本最低。

（2）供气方式选择自建减压站，减压站由供气商管理。这样既可以不受供气商用气量和用气年限的限制，也可以在市场上自由选择质优价廉的供气商，同时为将来使用管道天然气，进一步降低成本奠定基础。

（3）循环流水生产线设备选用国产设备，主要原因是投资相差 5 倍，国外生产线供货周期至少需要 8 个月，国内则只需要 3 个月。国外生产线维修困难，国内生产线关键设备布料机、振动台等在铁路用轨枕板生产线上已经得到广泛使用。

## （三）主要设备方案

某构件预制工厂设备主要包括生产线设备、起重设备、钢筋加工设备、混凝土搅拌站、机修设备以及其他设备等，见表 1-4 ~ 表 1-9。混凝土搅拌站设备参数：HZL180 型搅拌站 1 座，选择立轴行星搅拌主机，理论搅拌能力 180 m$^3$/ h。

表 1-4　多功能构件流水生产线主要生产设备

<table>
<tr><th>序号</th><th>名称</th><th>组成部件</th><th>数量</th><th>电力合计/kW</th><th>备注</th></tr>
<tr><td rowspan="3">1</td><td rowspan="3">混凝土拌和系统</td><td>搅拌设备</td><td>1 套</td><td>200</td><td></td></tr>
<tr><td>料斗运输车</td><td>1 套</td><td>3</td><td></td></tr>
<tr><td>混凝土储料斗</td><td>2 套</td><td>4.4</td><td></td></tr>
<tr><td rowspan="3">2</td><td rowspan="3">混凝土输送系统</td><td>混凝土输送系统</td><td>1 套</td><td>6</td><td></td></tr>
<tr><td>电控喂料机</td><td>1 套</td><td>1.5</td><td></td></tr>
<tr><td>电控布料斗</td><td>1 套</td><td>5</td><td></td></tr>
<tr><td rowspan="3">3</td><td rowspan="3">自动布料、振动系统</td><td>布料机及其控制系统</td><td>1 套</td><td>15</td><td></td></tr>
<tr><td>振动工位及其控制系统</td><td>1 套</td><td>9</td><td></td></tr>
<tr><td>自动抹平、磨平系统</td><td>1 套</td><td>5</td><td></td></tr>
<tr><td rowspan="3">4</td><td rowspan="3">养护系统</td><td>智能自动存取系统</td><td>1 套</td><td>54.5</td><td>抹平、磨平共用系统</td></tr>
<tr><td>立体养护房</td><td>1 套</td><td>3</td><td></td></tr>
<tr><td>蒸养温控系统</td><td>1 套</td><td>1</td><td></td></tr>
<tr><td rowspan="4">5</td><td rowspan="4">脱模系统</td><td>10 t 桥式行车</td><td>1 套</td><td>15</td><td>平吊脱模</td></tr>
<tr><td>叠合板吊具</td><td>1 套</td><td></td><td></td></tr>
<tr><td>90°自动立起系统</td><td rowspan="2">1 套</td><td rowspan="2">14</td><td rowspan="2"></td></tr>
<tr><td>墙板吊具</td></tr>
<tr><td>6</td><td>成品输送系统</td><td>电动运输平车</td><td>3 套</td><td>9</td><td></td></tr>
<tr><td rowspan="4">7</td><td rowspan="4">模具返回系统</td><td>自动清扫系统</td><td>1 套</td><td>4.2</td><td></td></tr>
<tr><td>数控划线机</td><td>1 套</td><td>3</td><td></td></tr>
<tr><td>自动喷油（脱模剂）系统</td><td>1 台</td><td>3</td><td></td></tr>
<tr><td>摆渡系统</td><td>1 套</td><td>5</td><td></td></tr>
<tr><td>8</td><td colspan="2">标准模台</td><td>80 套</td><td></td><td>按方案确定</td></tr>
<tr><td>9</td><td colspan="2">流水导向轮</td><td>320 个</td><td></td><td>按方案确定</td></tr>
<tr><td>10</td><td colspan="2">模台驱动装置</td><td>80 个</td><td>25</td><td>按方案确定</td></tr>
<tr><td colspan="4">合计</td><td>372</td><td></td></tr>
</table>

表 1-5　阳台、楼梯构件生产主要生产设备

| 序号 | 名称 | 组成部件 | 数量 | 电力合计/kW | 备注 |
|---|---|---|---|---|---|
| 1 | 混凝土拌和系统 | 搅拌设备 | 1 套 | 200 | |
| | | 料斗运输车 | 1 套 | 3 | |
| | | 混凝土储料斗 | 2 套 | 4.4 | |
| 2 | 布料振捣系统 | 布料机及其控制系统 | 3 套 | 33 | |
| 3 | 成型系统 | 楼梯台座式模具 | 21 套 | | |
| | | 阳台台座模具 | 14 套 | | |
| 合计 | | | | 240 | |

表 1-6　钢筋加工主要生产设备

| 序号 | 设备名称 | 数量 |
|---|---|---|
| 1 | 钢筋调直切断机 | 2 台 |
| 2 | 数控钢筋弯箍机 | 1 台 |
| 3 | 数控钢筋弯曲机 | 1 台 |
| 4 | 钢筋切断机 | 2 台 |
| 5 | 钢筋直螺纹套丝机 | 2 台 |
| 6 | 钢筋焊网机 | 1 台 |
| 7 | 自动钢筋桁架焊接生产线 | 1 台 |

表 1-7　起重设备

| 序号 | 设备名称 | 规格型号 | 数量/台 |
|---|---|---|---|
| 1 | 双梁桥式起重机 | QD5t−22.5m $H$=9 m | 4 |
| 2 | 双梁桥式起重机 | QD10t−22.5m $H$=9 m | 7 |
| 3 | 龙门式起重机 | MDG10t−30m/48m $H$=10 m | 4 |

表 1-8 机修设备

| 序号 | 设备名称 | 数量/台 |
|---|---|---|
| 1 | 弯折机 | 1 |
| 2 | 钻床 | 1 |
| 3 | 铣床 | 1 |
| 4 | 车床 | 1 |
| 5 | 交流弧焊机 | 3 |
| 6 | 剪板机 | 1 |
| 7 | 气体保护焊 | 2 |

表 1-9　其他设备

| 序号 | 设备名称 | 数量 |
|---|---|---|
| 1 | 场内运转车 | 2 台 |
| 2 | 燃气锅炉 | 1 台 |
| 3 | 箱变 | 2000 kV · A |
| 4 | 发电机组 | 1 台 |
| 5 | 地磅 | 1 套 |
| 6 | 试验设备 | 1 套 |
| 7 | 装载机 | 2 台 |
| 8 | 叉车 | 1 台 |

## 二、PC 构件生产线布置

### （一）生产工艺对比分析

PC 构件生产系统由 PC 构件生产线、钢筋生产线、混凝土拌和运输、蒸汽生产输送、车间门吊起运等五大生产系统组成。其中 PC 构件生产线为主线，钢筋生产线、混凝土拌和运输、蒸汽生产输送和门吊起运系统为辅助。

根据模台的运动与否，PC 构件生产工艺分为平模传送流水线法和固定模台生产线法，见图 1-12。具体的工艺介绍详见第四章构件生产工艺。

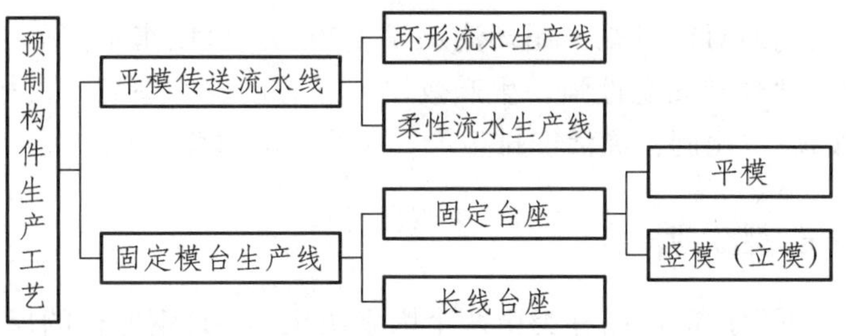


图 1-12　PC 构件生产工艺分类

环形流水生产线和固定模台生产线是目前构件预制工厂的主流工艺，两种工艺形式对设备、人员等方面的要求各有不同，两种工艺的比较和优缺点见表 1-10、表 1-11。

表 1-10　建筑构件生产工艺形式的比较

| 序号 | 项目名称 | 固定模台生产线 | 环形流水生产线 |
|---|---|---|---|
| 1 | 适应范围 | 墙板（饰面保温或保温） | 板类构件 |
| 2 | 浇筑设备 | 浇筑机、吊斗 | 浇筑机 |
| 3 | 成型设备 | 台座振动、振捣棒 | 振动台 |
| 4 | 养护方法 | 分散蒸养、自然 | 集中蒸养 |
| 5 | 通用性 | 好 | 受限制 |

续表

| 序号 | 项目名称 | 固定模台生产线 | 环形流水生产线 |
|---|---|---|---|
| 6 | 作业条件 | 一般 | 好 |
| 7 | 机械化程度 | 简单 | 高 |
| 8 | 能耗 | 较高 | 较低 |
| 9 | 产品质量 | 好 | 较好 |
| 10 | 劳动效率 | 一般 | 高 |
| 11 | 投资 | 较小 | 大 |

表 1-11 两种工艺方案的优缺点对比

| 内容 | 固定模台生产线 | 环形流水生产线 |
|---|---|---|
| 优点 | 工艺通用性强，适合多种不同的混凝土构件生产；<br>不受作业时间限制，适合工序复杂、工序作业时间长的混凝土构件生产；<br>工艺设备简单，投资小 | 可以实现集中养护，节约能源，降低能耗；<br>机械化程度高，可实现程序控制；<br>工序衔接紧凑，用人较少，可提高生产效率；<br>可以实现专业化作业，提高劳动效率；<br>产品生产成本低 |
| 缺点 | 构件分散养护，保温设施简单，能耗高；<br>台座分散布置占地面积大；<br>机械化程度低，用人比较多，劳动效率低；<br>由于作业分散，作业环境整洁不好保证；<br>生产成本高 | 受工序作业时间限制，需要在限定时间内完成工序作业内容；<br>一次性投资大 |

通过两种生产工艺的对比可知，循环流水线生产工艺可以集中蒸养，节能降耗，工序设计紧凑，工艺布局科学合理安全性强，生产效率高、劳动生产率高，机械化程度高，可以根据市场对不同构件的需求比例，灵活安排生产，符合工艺选型原则。

## （二）生产线选型说明

环形流水生产线可生产的产品种类由两个因素决定：一是钢底模的尺寸规格（9000 mm×4000 mm），二是蒸养窑的层高限制（层间空隙 450 mm）。由以上两个因素可以确定产品的种类为长、宽、高不大于 9000 mm×4000 mm×450mm 的板类及梁、柱构件。比如未来市场潜力比较大的公用建筑装饰外挂板，一般宽度不超过 6 m，本生产线完全适用。

对于尺寸符合一定规则（长×宽为 3.5 m×4.5 m，厚度不超过 300 mm）的平板类混凝土预制构件，如果数量较大（墙板、楼板等），则适合采用流水线连续生产。此种流水线国外有成熟技术，国内也已经开发出适宜的工艺线。未来工厂的工艺规划和工程建设重点要满足此种流水线的要求。

对于大型建筑预制构件（大型立体墙板、屋面板、工业厂房屋架等），最好采用固定模位方式生产。工厂建设阶段预留车间或者露天场地，但要做好设备选型工作，以适应构件最大尺寸和质量需要。一般生产大型构件的公司都是采用这种方式。

## （三）生产线布置

目前，主流 PC 构件自动化流水生产线均采用环形布置，要充分考虑各个生产单元功能的不同、所占流水线节拍的长短、与拌和站混凝土运输线路的衔接位置、与钢筋生产线的相对关系等因素，进行合理布置。生产线布置如图 1-13 所示。

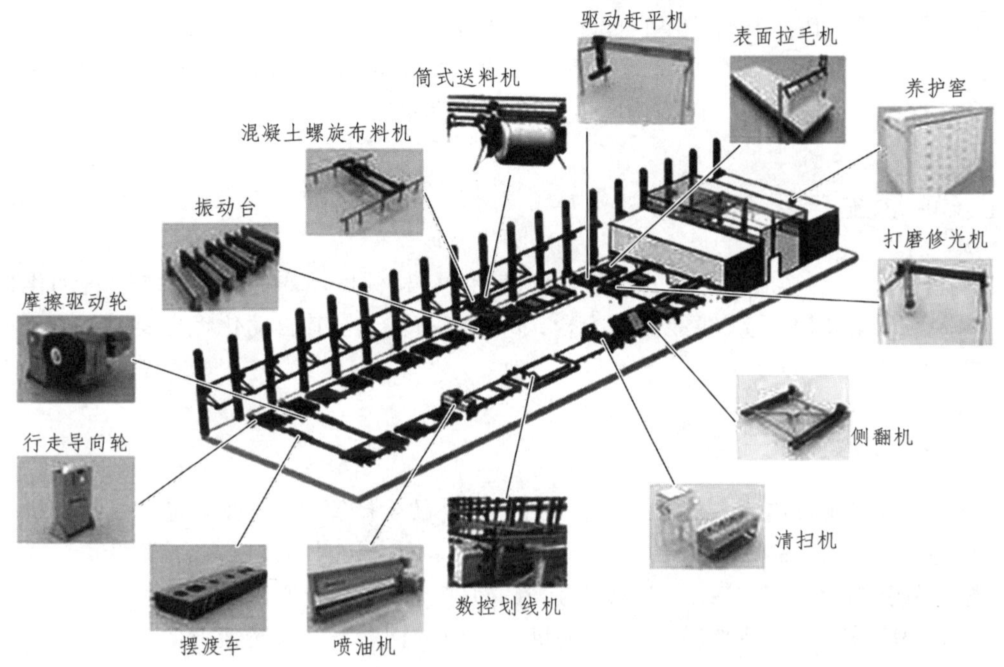


图 1-13　环形流水线示意

固定模台生产线一般采用线性布置。生产区与存放区相邻，且位于车间门吊的行走范围内。

### 1. 生产线布置的原则

生产线布置应贯穿精益生产的理念，做到布局合理、流畅高效、安全经济，实现物料搬运成本最小化，有效利用空间和有效利用劳动力。

（1）方便流畅原则：各工序的有机结合、相关联工序集中放置原则，流水化布局原则。

（2）最短距离原则：减少搬运、避免流程交叉、直线运行的原则。

（3）平衡均匀原则：工位之间资源配置、速率配置平衡的原则。

（4）固定循环原则：固定工位，减少诸如搬运等无价值活动。

（5）安全合规原则：电气设备的安装、高压蒸汽条件下元件保护，要符合相关法规规程，进行合规安装布局；模台运行、物体起运要设安全保险装置。

（6）经济产量原则：适应最小批量生产，尽可能利用车间空间的原则。

（7）柔韧性原则：对生产线预留柔性发展空间。

（8）硬件防错原则：从生产线硬件设计与布局上预防错误，减少生产上的损失。

### 2. 布置注意事项

为生产平衡，减少空间浪费和降低作业人员巡回作业的强度，PC 构件生产流水线工位呈环形布置。在PC构件生产线的周边，根据生产需要设置工器具存放区、半成品堆放区。

各生产线分开合理布置，中间区域可作为工作人员通道、巡视观摩通道。

如果采用两条PC构件生产线和一条钢筋生产线的配置，则采用两条PC构件流水生产线左右分开，钢筋生产线位居中间的布置形式，以减少钢筋成品、半成品搬运距离。

PC构件生产线两侧均设排水沟与电缆沟，有必要时设置暖气沟。电气管线分离，排水沟与电缆沟不得共用，废水与管线不得同用一条暗沟。

根据生产设备高度，确定车间桁吊高度。为提高车间桁吊利用率，各桁吊必须能够贯穿通行整个流水线。桁吊必须在钢结构屋盖覆盖前安装完毕。

## 三、钢筋生产线布置

PC构件预制厂钢筋加工设备的选型，要满足PC构件生产的种类、产能、自动化程度的要求。钢筋生产线与PC生产线能协调配合，产能略有富余。其自动化程度要与工人素质、施工组织相配套。

### （一）布置原则及要求

钢筋生产线车间布置的主要目的是满足PC构件的生产要求，要在满足质量及产量的前提下减少工人和管理人员的数量和劳动量。钢筋加工车间由相对独立的多台/套设备组成，其布置工艺既有别于PC构件生产线，又服务于PC构件生产线，应遵循以下几个原则：

（1）合理：从原材料到成品、从钢筋绑扎到模台钢筋安装，物流方向必须满足PC构件生产线要求。

（2）合规：原材料、设备安装及成品堆放区必须符合车间基础设计承载能力，水气电配置也必须符合相关规范要求。

（3）方便：采用下料和加工一体化生产线，减少钢筋吊运周转次数。

（4）安全：钢筋加工过程容易发生钢筋伤人的事故，必须在工艺规划中设置安全空间和安全隔离措施。

（5）高效：钢筋绑扎及存放区要与PC生产线作业模台邻近，以方便模台上钢筋制品的安装。

### （二）钢筋生产线布置要求

钢筋生产线主要进行外墙板、内墙板、叠合板及异型构件生产线的钢筋加工制作，钢筋成品、半成品类型主要有箍筋、拉筋、钢筋网片和钢筋桁架等。钢筋生产线主要分为原材料堆放区、钢筋加工区、半成品堆放区、成品堆放区、钢筋绑扎区等。成品堆放区宜紧邻构件生产线钢筋安装区布置，原材堆放区域周边宜设置大型运输车辆通道，桁吊宜覆盖生产线所有区域。钢筋生产线主要设备：钢筋调直切断机、弯箍机、直螺纹套丝机、钢筋网片焊接机。

在进行钢筋生产线布置时，考虑到钢筋骨架绑扎成型后，必须以最近的距离运送到PC构件生产线相应模台上安装就位。因此在钢筋加工车间，采取了从右到左的钢筋生产线布置方式：最右侧为原材料区，位于安全运输通道两侧，方便卸货；紧接着就是两个线材加工区，分别为钢筋箍筋加工区和钢筋直条加工区；再往左就是钢筋组焊件加工区，分别为钢筋柔性焊网和钢筋桁架两个加工区，紧临网片和桁架储存区是两个钢筋绑扎区，将网片和桁架组合到一起的叠合板钢筋骨架成型作业以及外墙内叶板连梁等构件的绑扎成型都在这两个区完成。最后就是钢筋过跨区，把绑扎成型的钢筋骨架成品横向摆渡到 PC 构件生产线相应模台旁边，安装到模具后进行浇筑。在这个过程中，应充分利用自动化钢筋加工设备的牵引能力和工序集成技术，减少钢筋及其制品的起吊次数，保证钢筋按照单方向进行移动。

### （三）注意事项

（1）钢筋原材料距离门口要近，以方便钢筋运输车的进出及卸货。

（2）设备摆放位置必须兼顾生产效率和操作维护空间的需求，留出足够的安全活动空间。

（3）按照功能分类，成组安排设备位置，例如线材加工区、棒材加工区、组焊类加工区、零星加工区等。

（4）因钢筋生产作业存在安全隐患，必须明确分离钢筋加工区与安全参观通道，并设置防护网隔离。

（5）吊运钢筋原材料和成品时，严禁从设备上方经过，更不允许从设备操作空间越过。

（6）如果需要从钢筋加工车间到 PC 生产线模台之间过跨，必须合理配置过跨设备。

## 第四节 游牧式构件预制工厂规划

游牧式 PC 构件生产厂设置虽基于固定式 PC 构件生产厂的原理，但与传统固定式 PC 构件生产厂不同。游牧式 PC 构件生产厂是在施工现场设置 PC 构件生产车间，其生产所用的设备，包括垫层都采用可搬迁、可移动方式，如同草原上的蒙古包游牧方式，在成本、物流等方面具有固定式 PC 构件预制厂不可比拟的优势（图 1-14）。采用游牧式构件厂生产主体预制构件方式，布置灵活、运距短、能快速解决施工装配出现的问题，同时能降低生产构件成本。

图 1-14 游牧式构件厂全景

### 一、游牧式构件预制厂优势

在住宅产业化发展相对滞后的地区，游牧式构件预制厂较常规预制构件预制厂具有明显优势，具体体现在以下几点：

（1）游牧式构件预制厂布置灵活多样，实用性强，投资较小，建设周期短，有利于中小城市或特殊项目建筑工业化的推广应用，且能够有效避免产能不匹配的问题。

（2）短距离运输且运输设备小型化，减少了构件运输损耗，降低了综合成本，相比大型预制构件生产厂家，在运距、价格等方面具有一定优势。

（3）利于构件尺寸大型化、多样化，通过优化节点避免了裂缝等质量通病。

（4）能与现场紧密配合，及时发现并快速解决施工中的问题。

（5）产业工人固定化，利于总包单位组织管理，不受第三方因素的影响，也不增加税务成本。

## 二、厂区平面布置

### （一）布置原则

（1）根据预制构件数量以及施工进度计划，确定工厂规模，满足需要即可。

（2）工厂的地质条件应满足构件预制场地的承载力要求。其中预制台座、堆场对地基要求较高，应选择地质条件好或者易于改造的场地。

（3）根据施工工地上空余场地的大小，因地制宜、灵活多变地布设游牧式工厂，兼顾构件的临时存储。如果将预制构件的模台建在塔吊辐射范围内，可大大节省构件的转运成本。

（4）根据施工现场吊装计划，合理安排构件的预制生产顺序，尽可能随预制随养护随安装，减小临时堆场的存货量。

### （二）PC 构件施工工艺

#### 1. 长条形固定模位法

现场场地宽阔平整时，可采用长条形固定模位法（如长线台座）预制生产构件。每跨龙门吊下可设 2 ~ 4 条长条形固定模位，在跨中设车辆通道。龙门吊最大吊重不小于 10 t，起吊高度不小于 9 m，每个龙门吊设主副吊钩。龙门吊主要用于组装模板、安装钢筋网片、浇筑混凝土、起吊和装运构件。龙门吊基础采用钢筋混凝土条形基础，龙门吊行走轨道采用 43 轨，并用专用轨道压片紧固。构件成品存放区与构件预制区紧邻，以减少构件入库存放距离。

#### 2. 方块状固定模位法

现场条件相对狭小、零碎，不宜采用长条形固定模位时，需要根据现场情况合理布设方块状固定模台。可采用龙门吊、汽车吊辅助进行模板组装、混凝土浇筑、构件吊运。可灵活布设 PC 构件临时存放区。

#### 3. 模台设计、养护及装运

采用定型钢模台或混凝土台座加贴钢板作为构件预制底模。根据预制生产季节的不同、施工进度计划的安排，采用覆盖洒水、喷洒养护剂、养护罩蒸汽养生等不同的养护方式。现场设移动式翻板机，满足外墙板、内墙板等薄板构件的起吊要求。因场地内运输距离短，一般采用改装平板车进行构件的水平运输。

### （三）场地平面布置

游牧式构件预制厂按生产工序及使用功能可划分为预制区、钢筋加工区、成品存放区、办公及生活区等，办公区与生活区可与其他区域协调布置。

（1）预制区作业面积就是模具平铺放置及通道所需区域。模具平铺放置区域面积根据统计出每层 PC 构件的数量（$Q$）乘以其单个构件垂直投影面积（$S$），同时考虑模台利用率（$A$）和预制场地利用率计算得出。模台利用率一般取 75% ~ 80%，整个预制区场地利用率为 50%，则模具平铺放置区域面积为 $Q \times S/(0.75 \times 0.5)$。模台布置时应考虑加工完成后构件吊装需求，重量较重的构件应布置在离起重机械中心处较近的位置。

（2）钢筋加工区内可分为钢筋原材堆放区、加工区、作业区、半成品堆放区。钢筋加工区应根据主楼施工进度要求及厂区产能计划设置，其半成品堆放区最少应能够保证 10 层产品的备货量。钢筋加工区一般为生产作业区面积的二分之一。

（3）成品堆放区根据构件情况应可分为可堆放放置区和不可堆放放置区。如叠合板、空调板等可堆放放置的构件，堆放放置场地面积基本相当于生产场地面积；如果全部为不能堆放构件，则根据规划放置层数成品堆放区面积一般为生产区面积的 3 ~ 5 倍。成品堆放区内各构件的堆放位置应遵循越重构件离起重机械越近的原则，确保起重要求。

（4）厂区道路宜设置为环形道路，或设置两个进出场地口，确保混凝土浇筑时不会出现压车情况，若由于施工场地限制无法设置则厂区道路应设置为双车道，道路净宽大于 6 m，转弯半径大于 10 m。厂区道路地面平整夯实，上铺 5 cm 厚灰土夯实，上铺 C20 混凝土 20 cm 厚。按路中心高的原则进行，面层排水坡度不小于 1.5%，生产区域使用 5 cm 厚的 C15 混凝土硬化，采场内根据地形设置四周排水沟，以路中心高的原则设排水坡度 1.5%，排水沟设计为明沟，尺寸为 30 cm×30 cm，砌筑抹灰，排水引入办公区域化粪池内。

## 三、设备选择

工厂可采用固定台座法生产，采用早强商品混凝土使用料斗浇料，脱模、浇料使用塔吊吊装，蒸汽养护采用热模法，从模台底部通入蒸汽。

（1）PC 构件生产模具：平板类 PC 构件如叠合板、阳台板、空调板等对平整度要求较高的构件可选用钢制固定模台与相应模具配合生产。模台表面板为 10 mm 优质铁素体不锈钢板整板，框架为 H 型钢和 C 型钢，模台的单位面积承载力为 6.5 kPa。模具可选用 60 mm×60 mm 角钢加工制作。模台数量可根据每日生产数量及脱模时间确定，例如：模具数量=每天生产量 1/2 层/d×2 d 一脱模=1 层（布置一层数量的模具）。楼梯等对平整度要求较低的构件可选用定型化平脱立打钢模模具。

（2）养护设备选择：预制构件的养护方式主要有自然养护和蒸汽养护；当最低气温高于 10 °C 时，优先选择自然养护；当温度低于 10 °C 时，进行蒸汽养护。影响蒸汽设备选择的主要因素为预制构件的类型、规格以及场地大小。蒸汽一般可通过发电厂集中供热获得，也可通过蒸养机来获得，主要燃料为天然气和电。蒸汽养护可采用热模法，模台底部通入蒸汽。蒸汽管道的安装、焊接将请专业的队伍进行施工，通过验收后方可进行使用。

（3）起重设备选择：脱模及构件吊装可以采用塔吊或龙门吊作业，吊重选择应为最重构件重量的 2.5 倍以上。塔吊作业范围大，适合方形场地，但作业稳定性差；龙门吊适合长方形场地，作业稳定性好，但作业范围小。

## 第五节　预制构件生产工厂发展现状与未来展望

### 一、我国预制构件生产工厂发展现状

目前，我国在工厂设计，设备设计和制造方面都有了长足的发展，但与国外相比，仍存在许多不足之处。

1. 预制构件工厂对前期规划的重视程度不够

预制构件生产工厂规划将决定预制构件工厂的投资、产能，也将对工厂建成后的运营产生重大的影响。目前，预制构件工厂的规划布局主要有固定模台生产和流水线模台生产两种方式。固定模台生产在一个固定工位完成所有的构件工艺，具有一定灵活性，适应于各种不同类型构件的并行生产，但场地利用效率不高。流水线模台生产使预制构件生产工艺在连续的工位顺序中完成，适应于同类型构件的生产，场地利用效率较高，但生产线柔性不高。由于缺乏对预制构件生产工艺和过程的了解，目前我国的预制构件工厂规划大都无法完成设计的产能目标。

2. 预制构件生产设备可靠性和自动化程度有待提高

国内预制构件生产设备从仿制德国设备开始，经历了 15 年左右的发展。预制构件生产设备目前已经基本实现国产化。但是，国内基础元件和生产线设计的质量问题，造成了设备运行的可靠性差，故障频发。同时，国内生产线信息化和自动化程度不高，加之构件标准化程度不高，使得国内生产线用工人数远远多于国外生产线。

3. 预制构件质量控制体系需要完善

目前，国内预制构件生产还缺乏有效的过程控制体系，缺乏在线和离线的质量检验工具。构件的质量控制和检验多以人工为主，构件质量缺乏全寿命期的追溯系统，构件质量难以达到预期要求。

4. 预制构件生产组织和管理水平亟须改善

国内构件生产专业化程度低，往往每个工厂都生产各种类型的构件，使得构件生产效率不能得到提升。同时，国内构件生产组织缺乏精益生产的理念，缺少与施工方的协同方法，造成了生产过程中的浪费。

## 二、预制构件生产工厂发展中的关键问题

面对我国预制构件生产工厂发展相对落后的现状，为了提升预制构件生产水平、提高预制构件质量，必须首先解决下列问题：

### 1. 构件设计标准化问题

标准化是工业化生产的核心。标准化生产，可以提高设备的生产效率，降低构件的生产成本。为此，构件设计的标准化是提高构件生产水平需要解决的首要问题。

构件设计的标准化，是尽量采用模数的方法形成构件尺寸和参数的系列化，减少构件的品种。通过构件设计的标准化，可以提高模台的使用效率，提高模具的周转率，提升设备生产的效率。

构件标准化设计不是要求构件的单一化，而是通过大规模小批量定制的生产模式，使用标准化构件组合成丰富的建筑产品。构件标准化要求从户型标准化、结构标准化入手，才能实现构件的标准化设计。

### 2. 构件生产工艺精细化问题

传统的预制构件生产工艺主要针对大型路桥构件、管桩、管片等大尺寸预制构件。目前预制构件以相对小尺寸的薄板板类构件为主，辅以梁柱、阳台、空调板、楼梯、飘窗等异型构件，构件精度要求高。传统的构件制作工艺缺乏针对性。例如预制构件生产对于混凝土配合比、振捣、蒸汽养护、构件表观质量、堆放、运输等都有一定的特殊要求。同时，预制构件生产已经大范围采用自动化生产线技术，因此需要针对预制构件生产制定更有针对性的严格工艺要求，以实现预制构件生产质量的可控。

### 3. 构件生产过程精益化问题

精益化生产的核心是持续改善质量，消除浪费。通过精益化生产可以提高产品生产质量，降低生产成本。可以合理布局生产场地，优化钢筋加工、布模布筋、浇筑、蒸养、起吊、拣货等生产过程，提高模具等生产资源的使用效率，提升供应链水平。

### 4. 构件生产管理信息化问题

目前，预制构件生产管理信息化相对落后的现状也限制了我国预制构件生产水平的提高。缺乏信息化管理工具，无法有效地支撑构件生产计划安排、生产资源管理、质量控制数据采集等重要环节。构件生产管理的信息化，首先要解决生产对象信息化，实现深化设计建模；其次要解决生产资源信息化，包括对原材料、辅材、半成品、构件成品、生产设备、生产场地、生产班组等方面进行建模；再次要解决生产过程信息化，包括建设项目信息化、生产计划、生产数据采集、质量控制、采购管理、仓储库存管理、运输管理等方面。

## 三、预制构件生产工厂发展的突破方向

建筑行业是我国工业化程度比较落后的行业。目前，国家已经提出了《中国制造 2025》

制造强国战略。工业化与信息化两化融合、工业 4.0、智能制造、互联网+制造等理念的提出，必将使我国制造业迈上一个新台阶。建筑工业化不是建筑行业与传统工业化的简单叠加，而是建筑行业与新型工业化的深度融合。应用新型工业化的相关技术和理念，必将使我国建筑工业化实现跨越式发展。

未来预制构件生产工厂的发展可能有以下几个突破方向：

1. 应用自动化、智能化设备

应用自动化和智能化技术对预制构件生产设备进行升级改造，可以提升设备效率，降低预制构件工厂的人工需求，提升预制构件的生产质量。未来可将数控技术应用在钢筋加工、机械手布模和布筋、自动化混凝土搅拌和浇筑、自动化构件堆放等场合。

2. 建造预制构件智能工厂

建立大数据分析、企业资源管理、制造执行系统、过程控制系统、基础自动化的预制构件生产工厂的信息架构。构建预制构件制造的 BIM 系统，实现 BIM 系统与预制构件数据的集成。通过上述系统的建立，实现预制构件生产的商务决策、资源配置、工厂管理和数据采集等功能，形成智能化预制构件工厂的智能生产。

3. 互联网+预制构件制造

使用互联网技术，可以有效地提高生产资源的利用效率。未来可以通过互联网实现多个生产工厂的产能平衡，进行生产订单的有效分配，优化多个工厂的模具、堆场空间、工人资源的配置。

4. 预制构件全生命周期管理

运用二维码、RFID 等物流技术，对预制构件的设计、制造、堆放、运输、安装等环节进行全生命周期的跟踪和管理。还可以使用新兴的区块链技术对预制构件物流交易的真实性进行控制。通过对预制构件进行全生命周期的管理，可以实现预制构件质量的全过程追溯。

在我国建筑工业化快速发展的阶段，如何有效地解决预制构件生产工厂在建设和运营中面临的问题，提高预制构件生产的质量和水平，是当前构件工厂面临的重要课题。相信随着先进制造方法的应用，我国预制构件生产工厂必将在生产、质量和管理方面迈上新的台阶，更好地促进我国建筑行业的转型升级。

## 思考题

1. 固定式工厂生产与游牧式工厂生产有何不同？
2. PC 构件生产工厂选址的影响因素有哪些？
3. 预制构件工厂按功能分可以划分为哪几个区域？
4. 简述预制构件生产区的构成。
5. 预制构件厂设备选型要遵循哪些基本原则？
6. 预制构件厂有哪些主要设备？

7. 简述预制构件生产工艺的分类。
8. 环形流水生产线布置有哪些要求？
9. 钢筋生产线布置有哪些要求？
10. 游牧式构件预制厂的优势有哪些？
11. 简述预制构件生产工厂的发展方向。

# 第二章　构件深化设计与模具设计、制作

在预制构件进行生产以前，需要完成构件深化设计和模具设计以及制作等工作。预制构件加工厂和设计单位要加强沟通交流，共同配合设计预制构件加工图。装配式建筑的发展离不开PC构件，而PC构件的生产离不开PC模具。PC模具是构件生产的要素之一，其设计形式是否先进合理会直接影响构件生产效率和产品质量。

## 第一节　构件深化设计

装配式混凝土结构施工图部分设计应包括结构施工图设计和预制构件制作详图设计两阶段。预制构件深化设计深度应满足建筑、结构和机电设备等各专业以及构件制作、运输、安装等各环节的综合要求。

### 一、深化设计的作用

深化设计是在装配式建筑的设计基础上进行的二次设计，是预制生产、施工安装之前不可或缺的一个环节。装配式建筑的深化设计不仅是简单的构件拆分和结构设计计算，还包括构件的生产方法、工艺、模具等一系列相关设计。同时，深化设计还应考虑运输、施工过程中遇到的问题，为运输和施工服务。

深化设计是将目前不甚完整的装配式建筑设计，进行更深层次的分解、细化，要具体到每一块墙板、叠合板、叠合梁、预制柱等PC构件的生产与安装图纸。要绘制出总的构件平面布置图（即总装配图）、各种PC构件生产图（含钢筋布置图，灌浆套筒、保温连接器、线盒、水电暖气管线及预留孔洞、装饰装修预埋管道与挂点、构件起吊吊点、构件安装斜撑固定点等各专业预留预埋布置图），达到指导预制生产和现场装配施工的目的和要求。

预制工厂就可以根据每个构件的预制生产图和总体装配图，制订构件的预制生产施工计划和构件的预制生产顺序，统筹安排PC构件的预制生产。

这些工作就是装配式建筑中的PC构件的深化设计。它既可以消除装配式建筑设计和组装构件时不能察觉的错、碰、漏，弥补设计与施工之间的断层；也可以模拟进行现场装配，防止后期施工中的返工与切割修补。

### 二、深化设计团队组建

由于装配整体式建筑设计与传统现浇建筑设计的最大区别在于建筑、结构、水电等各专

业的高度融合，设计图纸的高度细化，与预制生产的高度紧密结合，所以组建的深化设计团队也要专业全面、配备齐全，并应满足 PC 工厂深化设计工作的需要。其具体配置如下：

深化设计小组设计负责人，负责各专业设计人员的工作分工与协调。

建筑专业设计工程师，负责建筑专业相关的图纸审核。

结构专业设计工程师，负责结构专业相关的图纸审核，进行各构件的结构设计，汇总各专业相关的深化图纸，绘制出生产图纸。

给水排水专业设计工程师，负责给水排水专业相关的图纸审核，并在构件的深化图纸上对相关预留预埋结构进行定位，绘制出详图。

暖通专业设计工程师，负责暖通专业相关的图纸审核，并在构件的深化图纸上对相关预留预埋结构进行定位，绘制出详图。

电气专业设计工程师，负责有关强电弱电专业相关的图纸审核，并在构件的深化图纸上对相关预留预埋结构进行定位，绘制出详图。

BIM 建模工程师，负责绘制建筑物的建筑（Architecture）、结构（Structure）设备（MEP）模型，以及综合模型的碰撞检查，同时完成该项目参建各方的其他要求，如设计优化模拟、现场装配模拟、3D 模拟、4D 模拟、5D 模拟等。

## 三、深化设计流程

深化设计一般有两种组织形式：一是预制生产企业组织自己的研发设计人员进行深化设计，然后将深化设计成果报请原设计单位审核确认后使用；二是委托原设计院或其他具有深化设计能力的公司进行深化设计。

## 四、构件深化设计的内容

深化设计的基本内容如下，工程实践中可根据实际情况加以选择：

① 各种工况下预制构件及其连接的承载力、变形、裂缝控制。

② 各种工况下预制构件的配筋构造要求。

③ 预制构件连接面和连接配筋构造设计计算。

④ 预制构件所需各种拉结件、拉结件设计计算。

⑤ 预制构件内所需预埋件和管线等的统计。

⑥ 预制构件及其生产、安装施工的误差控制调整设计。

⑦ 对预制构件及其拉结件的耐久性、防腐蚀和防火性能、建筑物理性能等具体要求进行设计。

⑧ 预制构件加工详图设计。

⑨ 对于复杂的预制构件，尚应进行安装工艺设计。

### （一）外墙保温构造

新型建筑工业化积极提倡采用预制带保温外墙板（图 2-1），主要是为了解决现浇或者填充外墙的装饰耐久性、保温性、防火性、密封性差等问题。对于非组合式夹心保温外墙板，保温层在外叶墙与内叶墙之间，能有效地隔绝空气，增强结构整体的保温性能、耐久性能、防火性能，真正做到了与建筑同寿命。常见的外墙保温材料有 EPS（模塑聚苯板）和 XPS（挤塑聚苯板）。

图 2-1　预制带保温外墙板

## （二）拉结件

预制混凝土夹心保温外墙板的保护层、保温层和结构层之间没有相容性，必须使用保温拉结件穿透保温层并锚入两层混凝土之中，使夹心墙形成整体，防止保温层脱落。保温拉结件一般采用金属材料或复合材料制作。在应用拉结件时，首先根据内、外叶墙厚度选择拉结件类型，再根据保温层厚度选择拉结件规格。

为保证工程安全，应综合考虑保温拉结件在构件生产、运输、吊装和使用工况下的受力状态，包括外叶墙自重和吊装动力系数、模板的吸附力、风力、地震力等综合作用下的拉、压、剪、扭应力。构件的受力主要包括外叶墙自重产生的剪力和拉拔力，因此只需分别复核拉结件抗剪承载力和抗拔承载力即可。

## （三）吊　件

预制构件一般是通过端部预埋吊件起吊移动的。吊件包括吊钉、钢筋吊环等。钢筋吊环通过钢筋与混凝土之间的黏结力承受构件的重量。实际生产中一般采用吊钉，吊钉通过扩大的圆脚将荷载传递到混凝土上而受力。

在吊装构件时，由于构件自重较大，需要对吊钉的型号进行选择，并对吊钉进行失效分析，防止吊钉发生被拔出或拔断的情况。

## （四）防　水

对于装配式外墙板来说，接缝分为预制构件与现浇部分间的接缝、预制构件间的接缝。前者常采用经密封材料处理的封闭式接缝设计，后者采用封闭式接缝与开放式接缝两种形式。

（1）封闭式接缝采用以材料防水“堵”为主、构造防水“导”为辅的设计方式。外墙防水性能与密封材料的性能及耐久性直接相关，需要定期维修，也是国内目前常用的接缝防水方式。封闭式接缝设计需考虑接缝的宽度、深度等尺寸，结合节点处理，兼顾施工因素，并决定其形状。

（2）开放式接缝采用以构造防水“导”为主、材料防水“堵”为辅的设计方式，是一种让建筑外侧处于开放或半开放状态，对建筑内侧进行气密处理，通过等压原理确保水密性和气密性的处理方式。这种接缝通过用发泡材料将外墙板接缝空间划分为小的区域，让接缝空间内与室外气压瞬间平衡。它适用于高层建筑材料相同、防水走向连续清晰的墙面，耐久性高。

### （五）预埋螺母孔洞

为满足施工过程中构件安装、固定、连接和防护等需求，在深化设计时，应确定关键施工技术，明确生产制作时预埋施工所需螺母、孔洞的位置、数量、类型等，避免后期变动。

#### 1. 预埋螺母

预埋螺母通常埋置于门洞口加固处、斜支撑连接点。

（1）门洞口加固用预埋螺母。

当门洞口过大时，吊装构件会因自重导致自身变形，造成内角处混凝土开裂，严重影响构件外观和质量。为避免该情况出现，制作时应在门洞口开口底部预埋内螺母，吊装前安装槽钢。

（2）斜支撑预埋螺母。

预制构件吊装就位加固后，摘取吊钩。预制构件通常使用可调节长度的杆件固定，杆件一端与预制构件上预埋内螺母连接，另一端与楼板进行可靠连接。

预制墙板宜设置两个支撑点。两个支撑点各设计在沿墙宽 1/4 质量处，既保证了连接杆件受力均匀、构件连接牢固，又节约了材料。

预制墙板支撑点高度宜设置在墙板高的 2/3 处。一是因为支撑点越高，连接杆件受力越小，预制墙板固定后越稳定；二是工人操作时不用垫高即可紧固螺丝，施工方便安全。

#### 2. 预留孔洞

预留孔洞通常留设在模板对拉、外挂架连接处。

（1）模板对拉孔。

对拉螺栓是拉紧两侧模板的紧固系统。对拉螺栓可预埋在现浇段内，也可穿在预制构件预留孔洞内。若预埋在现浇段内，对拉螺栓需配备专用套管使用，否则对拉螺栓无法周转使用，增加成本。

对拉螺栓起到保证模板成型结构尺寸，浇筑时不产生变形，不发生胀模、爆模等作用。因此，预制构件上的预留孔洞与底面的距离、孔洞之间的距离、构件边缘间距都要满足要求。

预留孔洞应与底部间距适宜，过大会使下部的模板角无法紧贴构件侧面，在浇筑振捣时容易造成漏浆；过小则使模板开口位置距边太近，在紧拉模板时容易造成模板边缘变形，影响模板的周转使用次数，增加生产成本。

（2）外挂架连接孔。

外挂架通过连接螺杆固定在外墙上，预埋孔洞的大小、间距和距上边缘的距离都需经过预先设计。

连接孔需避开预制构件之间的现浇段，在布置时存在一定影响，要控制好各孔之间的距离，避免间距过大。外挂架中，螺栓为主要受力部分，螺栓的直径和材质选择极为关键。在生产时，孔洞要预留出足够的空隙，预防墙与外挂架孔误差过大。

## 五、深化设计图纸内容

装配式项目深化设计图纸相对于传统项目结构施工图增加以下内容。深化设计图纸内容见表 2-1。

（1）预制构件制作和安装施工的设计说明，含对材料、制作工艺、模具、质量检验、运输要求、堆放存储和安装施工的要求。

（2）预制构件模板图和配筋图。

（3）预制构件明细表或索引图。

（4）预制构件连接计算和连接构造大样图。

（5）预埋件布置图。

（6）预制构件安装大样图。

（7）对建筑、机电设备、精装修等专业在预制构件上的预留洞口、预埋管线、预埋件和拉结件等进行综合设计。

（8）预制构件制作、安装施工的工艺流程及质量验收要求。

（9）连接节点施工质量检测、验收要求。

表 2-1　深化设计图纸内容

| 图纸类型 | 用途 | 使用人员 |
| --- | --- | --- |
| 图纸目录 | 图纸种类汇总以及查看 | 构件预制厂生产人员、现场施工人员 |
| 总说明、平立剖 | 设计要求以及反映 PC 构件位置、名称、质量和立面节点构造 | 构件预制厂生产人员、现场施工人员 |
| 预制构件装配图 | 构件在节点处相互关系的碰撞检查图及安装图 | 现场施工人员 |
| 楼板预埋件分布图 | 施工现场预埋件定位 | 现场施工人员 |
| 预制构件详图 | PC 生产图纸，反映构件外形尺寸、钢筋信息、埋件定位及数量等 | 构件预制厂生产人员 |
| 公共详图 | 通用的 PC 细部详图 | 构件预制厂生产人员、现场施工人员 |
| 索引详图 | 通过索引代号反映各部位的 PC 细部详图 | 构件预制厂生产人员、现场施工人员 |
| 金属件加工图 | 工厂用和现场用的金属件工厂生产 | 构件预制厂生产人员 |

# 第二节　模具设计与加工

装配式建筑的发展离不开 PC 构件，而 PC 构件的生产离不开 PC 模具。PC 模具是应用于 PC 构件生产中的 PC 构件成型，包括底模、侧模、端模及窗模等重要组成部件。将装饰墙砖、窗框及各类接驳器等配件全部定位于模具中并浇筑混凝土，有利于构件及建筑物质量的整体提升。

预制构件模具是一种组合型结构模具，可满足预制构件浇筑和模具再利用的需要。预制构件模具依照构件图纸和生产要求进行设计制作，使混凝土构件按照规定的位置、几何尺寸成型，保持建筑模具的正确位置，并承受建筑模具的自重及作用在其上的构件侧部压力荷载。

## 一、模具分类

### （一）模具体系

现有的模具的体系可分为：独立式模具和大底模式模具（即底模可公用，只加工侧模具）。独立式模具用钢量较大，适用于构件类型较单一且重复次数多的项目。大底模式模具只需制作侧边模具，底模还可以在其他工程上重复使用。

### （二）模具类型

PC 模具类型包括大底模（平台）、叠合楼板模具、阳台板模具、楼梯模具（立式、卧式）、内墙板模具和外墙板模具等，见图 2-2 ~ 图 2-8。

（a）

（b）

图 2-2　楼梯模具

图 2-3　叠合楼板模具

图 2-4　窗模具

图 2-5　阳台板模具

图 2-6　梁模具

图 2-7　内墙板模具

图 2-8　外墙板模具

## 二、模具设计

### （一）模具设计的重要性

PC 模具是构件生产的要素之一，其设计形式是否先进合理会直接影响构件生产效率和产品质量。模具设计重要性体现为：

（1）降低成本——模具费用占构件总成本的 10%左右。

（2）提高生产效率——满足生产节拍的需要。

（3）提高产品质量——确保构件精度。

### （二）模具设计的原则

模具的设计要考虑作业顺序、焊接量的控制及变形后的修正、精度要求、运输、包装、防护等。

（1）成本。模具的费用对于整个工业化建筑成本而言非常重要，所以设计模具时应考虑在满足使用要求和周期的情况下尽量降低成本。

（2）使用寿命。模具的使用寿命将直接影响构件的制造成本，所以在模具设计时就要考虑到给模具赋予一个合理的刚度，增大模具周转次数，保证在某个项目中不会因模具刚度不够导致二次追加模具或额外增加模具等的维修费用。在设计时要注意板材的使用厚度，主要由生产所需模具周转次数来确定。模具的刚度应满足至少 200 次以上循环使用。

（3）质量。构件品质和尺寸精度不仅取决于材料性能，成型效果还依赖于模具的质量。特别是随着模具周转次数的增加，这种影响将体现得更为明显。采用全激光下料，可提高模具质量。支撑材料要依照预制构件的大小及外形尺寸选用。

（4）通用性。模具设计还要考虑如何实现模具的通用性，即提高模具重复利用率。套模具在成本适当的情况下尽可能地满足“一模多制作”，以提高模具通用性和周转次数，降低采购成本。

（5）效率。在生产过程中，对生产效率影响最大的工序是组模、预埋件安装以及拆模，其中就有两道工序涉及构件模具，模具设计合理与否对生产效率高低尤为关键。

（6）方便生产。模具最终是为构件预制厂生产服务的，不单是模具刚度及尺寸要符合规定，构件生产工艺还应满足工艺要求，如三明治外墙板有正打和反打之分，所以模具设计时有正打、反打两种不同的模具设计。PC 模具应该在保证质量和构件外形尺寸的前提下做到拆卸方便，提高生产效率。模具的安装拆卸要考虑施工方便、节省时间；预埋件孔位的位置要合理，预埋件支撑的位置调节及固定要安全可靠。

（7）方便运输。这里指的是车间内部完成的运输。在自动化生产线上模具是要跟着工序移动的，所以在不影响使用周期的情况下进行轻量化设计，既可以降低成本又可以提高作业效率。

（8）三维软件设计。由于构件造型复杂，模具的设计可采用三维软件，使整套模具设计体系更加直观化、精准化。

### （三）模具设计要点

模具设计时要考虑防漏浆设计、边模定位方式、预埋件定位、模具加固等因素。

#### 1. 外墙板模具设计要点

外墙板结构一般为：内叶结构（200 mm）+保温（*X* mm）+外叶保护（60 mm）。此类墙板可采用正打或反打工艺。建筑对外墙板的平整度要求很高，如果采用正打工艺，无论是人工抹面还是机器抹面，都不足以达到要求的平整度，对后期施工较为不利。但是正打工艺有利于预埋件的定位，操作工序也相对简单。可根据工程的需求，选择不同的工艺。

2. 内墙板模具设计要点

内墙板就是混凝土实心墙体（因内墙不参与建筑结构受力，故在内墙板设计时可按相关图集在内墙板内增加 EPS 轻质减重板）。预制内墙板的厚度一般为 200 mm，为便于加工，可选用 20#槽钢作为边模。内墙板三面均有外露筋，且数量较多，需要在槽钢上开许多豁口，导致边模刚度不足，周转中容易变形，所有应在边模上增设肋板。

3. 叠合楼板模具设计要点

根据叠合楼板高度，可选用相应的角铁作为边模，当楼板四边有倒角时，可在角铁上后焊一块折弯后的钢板。由于角铁组成的边模上开了许多豁口，导致长向的刚度不足，故沿长向可分若干段，每段以 1.5 ~ 2.5 m 为宜。侧模上还需设加强肋板，间距为 400 ~ 600 mm。

4. 楼梯模具设计要点

楼梯模具可分为卧式和立式两种模式。卧式模具占用场地，需要压光的面积较大，构件需多次翻转。而立式楼梯模具重点为楼梯踏步的处理，由于踏步呈波浪形，所以钢板需折弯后拼接，拼缝的位置宜放在既不影响构件效果又便于操作的位置，拼缝的处理可采用焊接或冷拼接工艺。需要特别注意拼缝处的密封性，严禁出现漏浆现象。养护期间立式模具不能进养护窑，需采用自然养护，而卧式模具在养护期间可以进护窑养护，以快速达到脱模条件。采用卧式还是立式，要综合考虑。

5. 阳台板/空调板模具设计要点

为了体现建筑立面效果，一般住宅建筑的阳台板设计为异型构件。构件的四周都设计了反边，导致不能利用大底模生产。可设计为独立式的模具，根据构件数量，选择模具材料。首先考虑构件脱模的问题，在不影响构件功能的前提下，可适当留出脱模斜度（1/10 左右）。当构件高度较大时，应重点考虑侧模的定位和刚度问题。

6. 底模设计要点

面板根据楼层高度和构件长度，宜选用整块的钢板。每个大底模上布置不宜超过 3 块构件，据此选择底模长度，宽度由建筑层高决定。对于板面要求不严格的，可采用拼接钢板的形式，但需注意拼缝的处理方式。大底模支撑结构可选用工字钢或槽钢，为了防止焊接变形，大底模最好设计成单向板的形式，面板一般选用 10 mm 钢板。大底模使用时，需固定在平整的基础上，定位后的操作高度不宜超过 500 mm。

## 三、模具制作

### （一）前期准备工作

1. 确定模具的类型

首先需要了解 PC 项目的特点，掌握预制构件的种类，确定模具的类型。

2. 确定模具数量

模具数量的确定需要明确项目每种类型构件的生产量，明确施工现场工期。

$$M = X / Y$$

式中：$M$ 是某种构件生产所需模具数量；

$X$ 是构件一层数量；

$Y$ 是施工工期。

3. 确定模具方案

模具方案包括：生产工艺、模具数量、周转次数、模具边模结构形式、模具工装形式、边模出筋的封堵形式等。

4. 加工准备

根据模具设计图纸，采购相应的钢板、型钢、螺栓等材料，见图 2-9、图 2-10。钢板一般常用的厚度有 6 mm、8 mm、10 mm、12 mm，最厚可达 20 mm。型钢材料一般常用角钢、槽钢、工字钢、矩形方管等材料。材料准备完毕后，准备相应的加工工具设备等，常用设备包括剪板机、折弯机、锯床、钻床、铣床、刨床、冲床、焊接设备等，如果条件允许，可以准备数控激光加工设备等精度更高的设备。加工操作平台的准备：模具加工应在操作平台上进行，平台应保持平整、水平、坚固，防止模具在加工过程中产生变形。此外，模具在受热后可能会产生应力变形，需通过模具整形设备，调整拼接完成后的模具。

图 2-9　模具制作

图 2-10　模具材料

## （二）翻样下料

模具加工准备完成后，根据图纸要求，进行各种材料的下料。下料时，相同规格尺寸的材料，尽量在一个操作流程下完成。当采用数控下料切割、打孔等设备时，应提前调整好参数，按照图纸要求，先试加工一件，如果没有问题再进行批量下料。

加工下料时，应保证模具腔内使用的钢板面光滑干净，避免划伤损坏板面或污染板面。带有 45°倒角的特殊部件，需要上铣床进行铣边加工，铣边完成后应注意保护，防止边角损坏。断料时，应使用锯床进行下料，不得使用火焰切割等设备。

## （三）拼接组装

根据设计图纸，将下好的半成品料，根据部位逐块进行拼接，拼接处通常采用焊接。对于模具腔内侧，有密封要求的焊缝应满焊，防止混凝土浇筑过程中产生泌水、漏浆现象，焊缝高度 3 ~ 5 mm；对于无满焊要求的，一般采用分段等距焊接，焊口长度一般为 3 cm，间距一般为 20 ~ 30 cm。

有底模的模具，先拼接组装底模，然后拼装侧模。制作底模时，先加工型钢底架，然后再安装焊接底板。底模完成后拼接侧模，侧模由下平板、中间立板、上平板及加劲板组合而成。先将下平板固定在底模相应位置，然后拼接立板、平板、加劲板等。部件与部件之间的孔位，在下料时应作周全考虑。

## （四）变形调整

模具各个部件加工完成后，边模底板等在焊接后形成了整体，不易变形，但是钢板、型钢等受热后会产生变形，所以各个边模及底模在拼接好后，应上整形平台，使用整形压力机进行调直平整，使模具偏差符合图纸及规范要求。

## （五）模具零配件加工

模具中的预留孔洞、预埋件固定等都需要在模具加工中全面考虑，预留孔洞一般采用机械加工钢棒或者尼龙棒等硬度较高、抗冲击性能较强、不易变形的材料加工而成。为了保证顺利脱模，一般考虑对加工的预留成型棒进行一定的放坡，一般放坡为 3%左右。

预埋件的固定：预埋螺母式埋件的固定，可在模具面直接用打孔螺栓固定；对于埋件在手压面的，可采用吊模方式进行固定；有预留凹槽的埋件，深度在 0 ~ 30 mm 的，一般由钢板等材料机加工而成。

## （六）模具整体组装及修整

将分别加工的底模、侧模、预留配件等全部进行拼装。在拼装过程中，及时检查各个部件之间的连接是否紧密，模具腔内尺寸是否符合图纸及规范要求，预留孔洞、埋件等位置是否符合图纸及规范要求；检查各部件之间是否有冲突，操作是否简单方便。

在组装过程中，发现问题应及时解决，以保证模具各方面的参数符合要求。

## （七）喷漆处理及标记型号

模具加工合格后，对模具外表面进行喷漆处理。一般喷涂颜色以企业的代表颜色为主。喷漆前应将模具喷涂表面进行打磨除锈处理。喷漆完成后，将模具型号、生产单位的信息喷涂在模具的显著位置，并在各个部件外面喷涂部件的主要编号、位置及用途，以方便工人在支拆模过程中找到相应位置，防止部件安装错误。

最终制作完成的模具应进行码放，码放场地应平整坚固。模具码放应水平，防止码放时扭翘变形等问题发生。码放好的模具应避免雨淋或油污。

## （八）模具验收

模具的检查与验收，分为模具自身材料质量检查与验收、模具制作完成后的尺寸检查与验收。模具自身用材料的质量检查与验收包括：材质与规格的确定（是钢材，还是其他材质），材料的截面尺寸是否符合要求，能否满足一定的使用频率与周期要求等。模具制作完成后的尺寸检查与验收主要包括以下两道程序：一是模具在出厂前的检查与核验，主要是确认所产模具是否满足客户的需求（是否具备出厂合格证）；二是模具在投入使用前的检查与验收。

模具的验收主要依据图纸及检验标准。模具检查应遵循先外观目测，后检尺测量原则。检尺测量先外后内，从外框尺寸检查到细部配件定位检查，再到配件自身的尺寸检查。模具外观检测，首先应该对模具的底架、模台、边模等焊接部位是否牢固、是否有开焊或漏焊等进行检验；其次检查模具所用材料、配件品种规格等是否符合设计图纸的要求；最后，检查部件与部件之间的连接是否牢固，预制构件上的预埋件、预留孔洞、外露钢筋位置等是否有可靠的固定、定位措施，及模具是否便于支、拆，是否满足使用周转次数的需求。

满足以上要求后，进行模具尺寸检验。根据图纸要求对模具的长度、宽度、厚度及对角线进行测量检查，使用盒尺测量模具的各个数值，并根据图纸的设计尺寸，计算模具的偏差值，模具偏差值应符合标准规范要求。使用 2 m 检测尺配合塞尺对模具底板进行平整度测量，使用小线和垫块测量模具底板的扭翘偏差，将垫块放置在模具底板四角边缘处，将小线呈 X 形状放置在垫块上，用尺测量两线相交处的差值，并将差值乘 2 即为模具扭翘的结果。如果存在相交两线紧贴在一起的情况，应将上下两线对调位置后，再进行检查。如果对调后的两线还是紧贴在一起，说明模具的扭翘值为 0。使用盒尺从端部开始向另一端每隔 60 ~ 80 cm 测量小线与侧模之间的数值，其中检测的最大数值与垫块的厚度差值即为侧模的最大侧弯值。当模具的尺寸、扭翘、侧弯均满足图纸和规范的要求后，开始检查模具内预留线盒、孔洞、埋件等配件的位置。线盒、孔洞、埋件、企口凹槽的定位应测量平面内两个方向的尺寸是否符合图纸及规范要求。当所有预留预埋部件位置符合图纸要求后，开始检查配件的尺寸，如预留孔洞、企口凹槽配件的尺寸是否符合图纸及规范要求，见表 2-2。

表 2-2　模具制作尺寸允许偏差

| 测定部位 | | 允许偏差/mm |
|---|---|---|
| 边长 | | （-2，0） |
| 窗口、门口边长 | | （0，2） |
| 对角线误差 | | 3 |
| 底模平整度 | | 2 |
| 侧板高差 | | 2 |
| 表面凸凹 | | 2 |
| 扭曲 | | 2 |
| 翘曲 | | 2 |
| 弯曲 | | 2 |
| 侧向扭曲 | $H \leqslant 300$ | 1.0 |
| | $H>300$ | 2.0 |

注：$H$ 为模具高度。

## 四、模具使用

### 1. 编　号

由于每套模具被分解得较零碎，需按顺序统一编号，防止错用。

### 2. 组　装

边模上的连接螺栓和定位销一个都不能少，必须紧固到位。为了构件脱模时边模顺利拆卸，防漏浆的部件必须安装到位。

### 3. 吊模等工装的拆除

在预制混凝土构件蒸汽养护之前，要把吊模和防漏浆的部件拆除。选择此时拆除的原因为吊模好拆卸，在流水线上，不占用上部空间，可降低蒸养窑的层高。

混凝土几乎还没强度，防漏浆的部件很容易拆除；若等到脱模的时候再拆，则混凝土的强度已到 20 MPa 左右，防漏浆部件、混凝土和边模会紧紧地黏在一起，极难拆除。所以防漏浆部件必须在蒸汽养护之前拆掉。

### 4. 模具的拆除

当构件脱模时，首先将边模上的螺栓和定位销全部拆卸掉，为了保证模具的使用寿命，禁止使用大锤。拆卸的工具宜为皮锤、羊角锤、小撬棍等工具。

### 5. 模具的养护

在模具暂时不使用时，需在模具上涂刷一层机油，防止腐蚀。

需要注意的是，模具在构件生产加工前需要进行预拼装。其目的是：熟悉模具组装顺序；检查模具几何尺寸及预留孔洞是否准确；检查模具设计是否合理，以便于装拆，便于其他作业。

## 思考题

1. 简述构件深化设计的主要内容。
2. 简述装配式建筑预制构件模具设计时要考虑的因素。
3. 简述装配式建筑构件接缝的防水形式。
4. 预制墙板支撑点如何设置?
5. 简述深化设计图纸的内容。
6. PC 构件模具有哪些类型?
7. 简述模具设计的原则与要点。
8. 简述模具制作的过程。

# 第三章　构件生产准备

预制构件在车间进行工厂化生产，需要进行科学的生产组织。在生产实施前期，应根据建设单位提供的深化设计图纸、产品供应计划等组织技术人员对项目的生产工艺、生产方案、进场计划、人员需求计划、物资采购计划、生产进度计划、模具设计、堆放场地、运输方式等内容进行策划，同时根据项目特点编制相关技术方案和具体保证措施，保证项目在实施阶段顺利进行。

## 第一节　生产准备

生产过程开始前需编制生产计划。生产计划的编制是否合理将直接影响工厂生产效率和运行成本。生产单位需要根据与需求方沟通确定的 PC 构件进场计划安排工厂生产计划。

### 一、生产计划编制

生产计划包括物料需求计划和生产作业计划。

#### （一）项目生产计划

构件预制厂在接到订单后，要制订整个项目的生产计划。生产计划包括物料需求计划和生产作业计划。项目的物料需求计划包括原材料、辅助材料、生产工具、设备配件等所有物资用量计划。同时应预测每月的物料需求，便于采购部门根据物料需求计划估算金额，从而制订每月资金需求计划，报财务部门。同时还要制订每月生产作业计划，安排生产进度，便于组织人力和设备以满足进度要求。

#### （二）月生产计划

月生产计划包括生产作业计划和月物料需求计划。在项目开始实施后，计划部门要根据项目总体要求，分别制订月物料需求计划，包括材料名称种类、规格型号、单位数量、交货期等内容，并及时跟踪材料的采购进度。同时要制订每天的作业计划，并检查计划的完成情况，以满足交货要求和安装单位的临时要求。

#### （三）生产进度控制

1. 生产节拍

（1）外墙、内墙生产节拍。

① 夏季时，外墙、内墙生产一般每套模具每天生产一番，大型、复杂的构件（如飘窗）生产可以保证每套模具两天生产一番。

② 冬季时（一般工期满足第二年需要时），外墙、内墙生产可以保证每套模具两天生产一番。

③ 模具数量需要根据实际情况结合现场拼装进度考虑。

（2）叠合板、楼梯生产节拍。

① 夏季或冬季，叠合板生产可以保证每套模具每天生产一番。

② 夏季时，楼梯可以保证每套模具每天生产两番，但一般按照每套模具每天生产一番考虑。

③ 模具数量需要根据实际情况结合现场拼装进度考虑。

### 2. 生产进度控制的基本原则

（1）根据施工单位提供的供货周期，倒排生产工期。

（2）综合考虑构件养护时间、模具加工与验收时间、图纸确认时间。

① 外墙、内墙生产周期。

供货时间：构件养护时间（7 d）→构件制作生产（7 d）→模具设计与加工（45 d）（含模具设计、模具加工、材料采购、人员组织）→图纸确认开始。

外墙、内墙项目一般约 60 d 可以完成供货，大型、复杂项目或模具数量多的项目需另外考虑。

② 叠合板、楼梯生产周期。

供货时间：构件养护时间（7 d）→构件制作生产（3 d）→模具加工时间（30 d）（含模具设计、模具加工、材料采购、人员组织）→图纸确认开始。

叠合板、楼梯项目一般约 40 d 可以完成供货，大型、复杂项目或模具数量多的项目另外考虑。

### 3. 产能控制

在制订构件生产作业计划的时候，需要注意合理规划生产班组的产能。对生产班组构件生产类型和数量的合理排布，可使单班生产的构件数量和构件混凝土体积达到产能要求。

## 二、资源配置

车间通过一定的方式把有限的资源合理分配到各条生产线中，以实现资源的最佳利用，即用最少的资源耗费，生产出最适用的产品，获取最佳的效益。

### （一）人员需求

为完成实际生产既定目标，生产部门应根据生产任务总量、劳动生产率、计划劳动定额和定员的标准来确定人员的需求量。

### （二）物资需求

计划部门根据生产计划总体要求，分别制订物资需求计划，包括机具和材料的名称、种类、规格、型号、单位、数量、交货日期等内容，并及时跟踪材料的采购进度。

## 第二节 技术准备

生产技术准备工作通常从选定产品方向、确定产品设计原则和进行技术设计开始，经过一系列生产技术工作直至能合理高效地组织产品投产。

### 一、图纸交底

预制构件生产前，应由建设单位组织设计、生产、施工单位进行设计图纸交底和会审。必要时，应根据批准的设计文件，拟定的生产工艺、运输方案、吊装方案等编制加工详图。

### 二、生产方案编制

预制构件生产前应编制生产方案，生产方案宜包括生产计划和生产工艺、模具方案及计划技术质量控制措施、成品存放、运输和保护方案等。必要时，应对预制构件脱模、吊运、码放、翻转及运输等工况进行计算。预制构件和部品生产中采用新技术、新工艺、新材料、新设备时，生产单位应制订专门的生产方案；必要时进行样品试制，经检验合格后方可实施。

### 三、质量管理方案

生产单位应具备保证产品质量要求的生产工艺设施、试验检测条件，建立完善的质量管理体系和制度，并宜建立质量可追溯的信息化管理系统。生产单位的检测、试验、张拉、计量等设备及仪器仪表均应检定合格，并应在有效期内使用。不具备试验能力的检验项目，应委托第三方检测机构进行试验；预制构件的原材料质量、钢筋加工和连接的力学性能、混凝土强度、构件结构性能、装饰材料、保温材料及拉结件的质量等均应根据国家现行有关标准进行检查和检验，并应具有生产操作规程和质量检验记录。预制构件生产的质量检验应按模具、钢筋、混凝土、预应力、预制构件等检验进行。预制构件的质量评定应根据钢筋、混凝土、预应力、预制构件的试验、检验资料等项目进行。当上述各检验项目的质量均合格时，方可评定为合格产品。

### 四、技术交底与培训

技术交底是由工厂专业技术人员向参与生产的人员针对构件生产方案进行的技术性交代，其目的是使生产作业人员对构件特点、技术质量要求、生产方法与措施和安全等方面有较详细的了解，以便于科学地组织施工，避免技术质量等事故的发生。对工程采用的新材料、新工艺提前作出试验和培训计划，以确保正确运用。预制构件的生产、吊装的人员必须提前进行基础知识和实务施工操作培训。

## 五、工序技术准备

### （一）模　具

#### 1. 验　收

（1）对试验、检测仪器设备进行校验，计量设备应经计量检定、校准，确保各仪器、设备满足要求。

（2）对进厂的模具进行翘曲、尺寸、对角线差以及平整度等检查，确保其符合国家相关规范要求。

#### 2. 作业条件

（1）预制场地的设计和建设应根据不同的工艺、质量、安全和环保等要求进行，并符合国家的相关标准或要求。

（2）模具安装前须清洗，对钢模，应去除模具表面铁锈、水泥残渣、污渍等。

（3）模具安装前，确保模具表面光滑干爽，且衬板没有分层的情况。

#### 3. 技术要求

（1）模具安装前必须进行清理，清理后的模具内表面的任何部位不得有残留杂物。

（2）模具安装应按模具安装方案要求的顺序进行。

（3）固定在模具上的预埋件、预留孔应位置准确，安装牢固，不得遗漏。

（4）模具安装就位后，接缝及连接部位应有接缝密封措施，不得漏浆。

（5）模具安装后相关人员应进行质量验收。

（6）模具验收合格后模具面应均匀涂刷界面剂，模具夹角处不得漏涂，钢筋、预埋件不得沾有界面剂。

（7）脱模剂应选用质量稳定、适于喷涂、脱模效果好的，并应具有改善混凝土构件表观质量的功能。

### （二）钢　筋

#### 1. 作业条件

（1）钢筋加工场地和钢筋骨架预扎场地应根据要求规划好，场地均应平整坚实。

（2）钢筋骨架存放区域应在龙门吊等吊运机械工作范围内。

#### 2. 技术要求

（1）钢筋施工应依据已确认的施工方案组织实施，焊工及机械连接操作人员应经过技术培训考试合格，并具有岗位资格证书。

（2）钢筋骨架绑扎前应对施工人员进行技术交底。

（3）外委加工的钢筋半成品、成品进场时，钢筋加工单位应提供被加工钢筋的力学性能试验报告和半成品钢筋出厂合格证，订货单位应对进场的钢筋半成品进行抽样检验。

## （三）混凝土

1. 作业条件

（1）浇筑混凝土前，模具内表面应干净光洁，无混凝土残渣等任何杂物，钢筋除孔位及所有活动块拼缝外无累积混凝土。

（2）混凝土浇筑前，施工机具应全部到位，且存放位置方便施工人员使用。

2. 技术要求

（1）原材料进场前应对各原材料进行抽样检验，确保各原材料质量符合国家现行标准或规范的相关要求。

（2）浇筑前对混凝土质量进行抽样检验，包括混凝土坍落度、现场温湿度等，均应符合国家现行标准或规范的相关要求。

（3）混凝土浇筑前，应根据规范要求对施工人员进行技术交底。

## （四）脱模与吊装

1. 作业条件

（1）脱模前，对施工人员进行技术交底，确保脱模顺序应按模板设计施工方案进行。

（2）脱模前检查混凝土强度，确保符合脱模要求。

2. 技术要求

（1）对后张预应力构件，侧模应在预应力张拉前拆除；底模如需拆除，则应在完成张拉或初张拉后拆除。

（2）脱模时，应能保证混凝土预制构件表面及棱角不受损伤。

（3）模板吊离模位时，模板和混凝土结构之间的连接应全部拆除，移动模板时不得碰撞构件。

（4）模板拆除后，应及时清理板面；对变形部位，应及时修复。

## （五）洗水、修补及养护

（1）洗水前根据规范要求，宜控制好合适的水压。

（2）检查构件缺陷，及时进行修补。对有严重缺陷的构件，应制订专项修补方案，不得擅自处理。

（3）选择合理的养护方式，选择时应考虑现场条件、环境温湿度、构件特点、技术要求、施工操作等因素。

# 第三节　工装准备

预制构件在工厂生产完成，与传统的建造形式相比，在工艺装备（工装）应用方面存在着较大的差别。

## 一、生产工装系统

预制构件制作时，需使用多种标准或非标准的工装。生产过程中的工装简介如下：

1. 模具安装常用工装

预制构件模具安装过程中主要使用的工装有平头铁铲（铲除模台异物）、铁锤、手磨机、砂纸、扫把、毛刷、物品存放架、滚刷、两用扳手、棘轮扳手、磁盒（固定边模，图 3-1）、撬棍、磁盒撬棍、玻璃胶枪、电动扳手等。

图 3-1　磁盒

2. 钢筋安装工装

钢筋安装常用工装有卷尺、石笔、钢筋支架、钢筋钩、自锁链条吊扣（吊运钢筋笼）、钢筋扳手等。

3. 预埋件安装常用工装

预埋件安装常用工装有螺杆（正打工艺固定预埋螺栓）、磁座（反打工艺固定预埋螺栓）、定位铁块（固定线盒，图 3-2）、十字螺钉、牛皮胶带、弹簧、线管钳、定位磁座（固定预留管或预留洞）、胶波（固定吊钉、形成半圆形吊钉位）、蝴蝶扣（将胶波固定在模具边板）、穿孔棒、穿孔胶塞（固定灌浆套筒底部）、固定架（正打工艺固定波纹管）、磁性吸盘（反打工艺固定波纹管）、灌浆套筒固定杆（固定灌浆套筒位置及插入钢筋长度）、PE 棒（缝隙封堵）等。

图 3-2　固定线盒工装

4. 混凝土浇筑常用工装

混凝土浇筑常用工装有红外测温仪、坍落度筒、捣棒、高精度钢尺、运料斗、长柄铁铲、手持式振捣棒、木抹子、刮杠、抹刀、拉毛刷、毛刷等。

5. 养护常用工装

养护常用工装有摇臂式喷头、薄膜等。

6. 脱模、洗水常用工装

脱模、洗水常用工装有两用扳手、套筒扳手、撬杠、吊梁、吊环、吊链、铁锤、手持喷码机、洗水枪等。

7. 检查及修补常用工装

检查及修补常用工装有卷尺、角尺、水平尺、吊线坠、灰铲、手磨机、毛刷、砂纸、电锤、钢丝刷（表面处理，粗糙面）等。

8. 检测及成品存放常用工装

检测及成品存放常用工装有回弹仪（测混凝土强度）、钢筋保护层测定仪、吊梁、吊环、吊链、翻转架、木方、存放架等。

## 二、吊装工装系统

预制构件吊装应根据其形状、尺寸及质量等要求选择适宜的吊具。吊具应按现行国家相关标准的规定进行设计验算或试验检验，经检验合格后方可使用。在对吊梁（起重架）吊点位置、吊绳吊索及吊点连接安装检查完毕后，首先对构件进行试吊，确认试吊正常后，开始进行构件起吊。

起吊设备主要有龙门吊和桁吊。龙门吊主要用于堆场内构件的起重、转运。桁吊主要用于车间内工器具、构件的起重、吊装、转运。预制构件起吊所用到的工装有扁担吊梁（适用于预制外墙板、预制内墙板、预制楼梯、预制 PCF 板、预制阳台板、预制阳台挂板、预制女儿墙板等构件的起吊）、框式吊梁（适用于不同型号的叠合板、预制楼梯起吊，可以避免局部受力不均造成叠合板开裂）、八股头式吊索、环状吊索、吊链、卸扣、吊钩、球头（内丝）吊具系统、内螺纹套筒吊索系统、万向吊头（鸭嘴扣）、手拉葫芦、吊架（起吊构件保持平衡）等。

### 三、运输工装系统

运输工装系统包括预制构件运输过程中需使用的吊具、运输支架、固定装置等，根据运输构件结构形状，选用相应支架。

装车常用工装有预制墙运输支架、飘窗运输支架、阳台板运输支架、楼梯运输支架、叠合板运输支架等。

紧固常用工装有护角材料、软垫片、花篮螺丝（逐步收紧钢丝绳）、收紧器（将钢丝绳紧固在货车上）等。

运输常用工装有平板运输车、电动平板运输车（车间构件转运）、叉车（车间构件转运）等。

卸货常用工装有吊车和塔吊等。

## 第四节　原材准备

预制构件原材主要包括钢筋、水泥、粗细骨料、外加剂、套筒、预埋件、拉结件、粉煤灰、保护层垫块等，用于构件制作和施工安装的建材和配件应符合相关的材质、测试和验收等规定，同时也应符合国家、行业和地方有关标准的规定。

### 一、主要的原材料

#### （一）钢　筋

1. 原材钢筋

钢筋进厂时，应全数检查外观质量，并应按国家现行有关标准规定抽取试件做屈服强度、抗拉强度、伸长率、弯曲性能和质量偏差检验，检验结果应符合相关标准规定，检查数量应按进厂批次和产品的抽样检验方案确定。

2. 成型钢筋

成型钢筋进厂检验应符合下列规定：

（1）同一厂家、同一类型且同一钢筋来源的成型钢筋，不超过 30 t 为一批，每批中每种钢筋牌号、规格均应至少抽取 1 个钢筋试件，总数不少于 3 个，进行屈服强度、抗拉强度、伸长率、外观质量、尺寸偏差和质量偏差检验，检验结果应符合国家现行有关标准的规定。

（2）对由热轧钢筋组成的成型钢筋，当有企业或监理单位的代表驻厂监督加工过程并能提供原材料力学性能检验报告时，可仅进行质量偏差检验。

3. 预应力筋

预应力筋进厂时，应全数检查外观质量，并应按国家现行相关标准规定抽取试件做抗拉强度、伸长率检验，其检验结果应符合相关标准规定，检查数量应按进厂的批次和产品的抽样检验方案确定。

## （二）混凝土

预制构件的混凝土强度等级不宜低于 C30；预应力混凝土预制构件的混凝土强度等级不宜低于 C40，且不应低于 C30；现浇混凝土的强度等级不应低于 C25。

混凝土外加剂品种和剂量应通过实验室进行试配后确定，宜选用聚羧酸系高性能减水剂；混凝土外加剂进厂时，应对其品种、性能、出厂日期等进行检查，并应对外加剂的密度、固含量、pH 值、减水率、含气量等进行检验，检验结果应符合现行国家标准《混凝土外加剂》GB 8076 的有关规定。

## （三）填充保温材料

夹芯外墙板接缝处填充用保温材料的燃烧性能应满足国家标准《建筑材料及制品燃烧性能分级》GB 8624—2012 中的 A 级要求。夹芯外墙板中的保温材料，其导热系数不宜大于 0.040 W/（m·K），体积比吸水率不宜大于 0.3%，燃烧性能不应低于国家标准《建筑材料及制品燃烧性能分级》GB 8624—2012 中的 $B_2$ 级的要求。

保温材料进厂检验应符合下列规定：

（1）同一厂家、同一品种且同一规格的保温材料，不超过 5 000 $m^2$ 为一批。

（2）按批抽取试样进行导热系数、密度、压缩强度、吸水率和燃烧性能试验。

（3）检验结果应符合设计要求和国家现行相关标准的规定。

## （四）保温拉结件

外墙保温拉结件是用于连接预制保温墙体内、外叶墙板，传递墙板剪力，以使内外叶墙板形成整体的连接器。拉结件宜采用纤维增强复合材料或不锈钢薄钢板加工形成（表 3-1）。夹心外墙板中，内外叶墙板的拉结件应符合下列规定：

（1）金属及非金属材料拉结件均应具有规定的承载力、变形和耐久性能，并应经过试验验证。

（2）拉结件应满足防腐和耐久性要求。

（3）拉结件应满足夹心外墙板的节能设计要求。

（4）拉结件的拉伸强度、弯曲强度、剪切强度满足国家标准或行业标准规定方可使用。

同厂家、同品种、同规格夹心保温外墙板用拉结件，每 10 000 个为一个验收批，每批抽 3 个检验锚入混凝土后的抗拔强度，检验结果应符合设计要求。

表 3-1　拉结件形式

| 厂家名称 | 图片 | 材质 | 受力分析 | 安全性 | 安装效率 |
|---|---|---|---|---|---|
| 南京斯贝尔 | | FRP | 清晰 | 一般 | 简单 |
| 哈芬 | | 不锈钢 | 很清晰 | 很好 | 烦琐 |
| Thermomass | | 玻璃纤维 | 清晰 | 好 | 简单 |

## （五）灌浆套筒

灌浆套筒指的是通过水泥基灌浆料的传力作用将钢筋对接连接所用的金属套筒，通常采用铸造工艺或者机械加工工艺制造，包括全灌浆套筒和半灌浆套筒（图 3-3、图 3-4）。全灌浆套筒两端均采用灌浆方式与钢筋连接，主要用于预制梁主筋的连接，也可以用于预制墙、柱主筋的连接。半灌浆套筒一端采用灌浆方式与钢筋连接，而另一端采用非灌浆方式与钢筋连接（通常采用螺纹连接），一般用于预制墙、柱主筋连接。

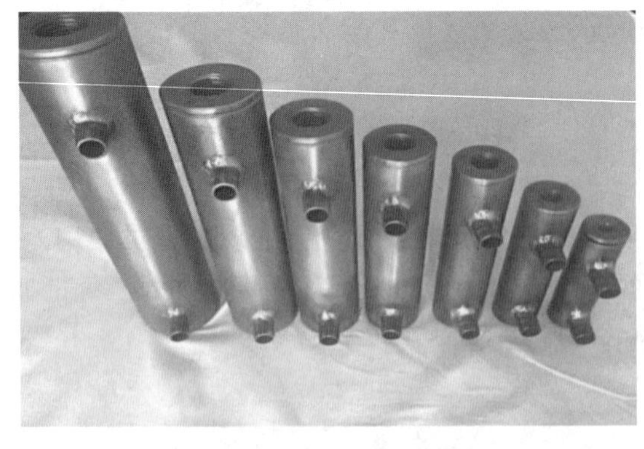

图 3-3　全灌浆套筒

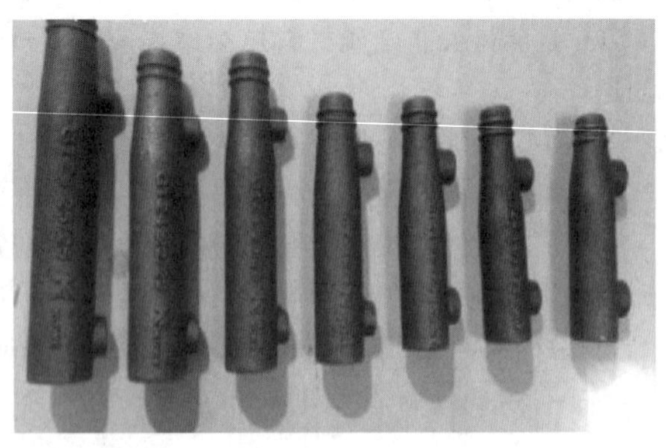

图 3-4　半灌浆套筒

预制构件采用钢筋套筒灌浆连接时，在构件生产前应检查套筒型式检验报告是否合格，应抽取灌浆套筒并采用与之匹配的灌浆料制作对中连接接头试件，并进行抗拉强度检验，检验结果应符合现行行业标准《钢筋套筒灌浆连接应用技术规程》JGJ 355 的有关规定。

检查数量：按同一工程、同一工艺的预制构件分批抽样检验。同一批号、同一类型、同一规格的灌浆套筒，不超过 1000 个为一批，每批随机抽取 3 个灌浆套筒制作对中连接接头试件。

### （六）钢筋连接用套筒灌浆料

钢筋连接用套筒灌浆料是以水泥为基本材料，配以细骨料，以及混凝土外加剂和其他材料组成的干混料，加水搅拌后具有良好的流动性、早强、高强、微膨胀等性能，填充于套筒和带肋钢筋间隙内的干粉料。

钢筋套筒灌浆连接用灌浆料应符合现行行业标准《钢筋套筒灌浆连接应用技术规程》JGJ 355 和《钢筋连接用套筒灌浆料》JG/T 408 的有关规定，见表 3-2。

表 3-2　套筒灌浆料性能指标

<table>
<tr><th colspan="2">项目</th><th>性能指标</th><th>试验方法标准</th></tr>
<tr><td colspan="2">泌水率/%</td><td>0</td><td>《普通混凝土拌合物性能试验方法标准》GB/T 50080</td></tr>
<tr><td rowspan="2">流动度/mm</td><td>初始值</td><td>≥200</td><td rowspan="7">《水泥基灌浆料材料应用技术规范》GB/T 50448</td></tr>
<tr><td>30 min 保留值</td><td>≥150</td></tr>
<tr><td rowspan="2">竖向膨胀率/%</td><td>3 h</td><td>≥0.02</td></tr>
<tr><td>24 h 与 3 h 的膨胀率之差</td><td>0.02 ~ 0.5</td></tr>
<tr><td rowspan="3">抗压强度/MPa</td><td>1 d</td><td>≥35</td></tr>
<tr><td>3 d</td><td>≥55</td></tr>
<tr><td>28 d</td><td>≥85</td></tr>
</table>

### （七）预埋件

构件中的预埋件一般有：吊装吊点、施工安装加固点、构件连接预埋（剪力墙结构）、后浇混凝土模板加固点、外挂安全平台吊点（外墙板）、电气、网络等管线（图 3-5 ~ 图 3-8）。

图 3-5　预埋起吊套筒

图 3-6　旋转吊环

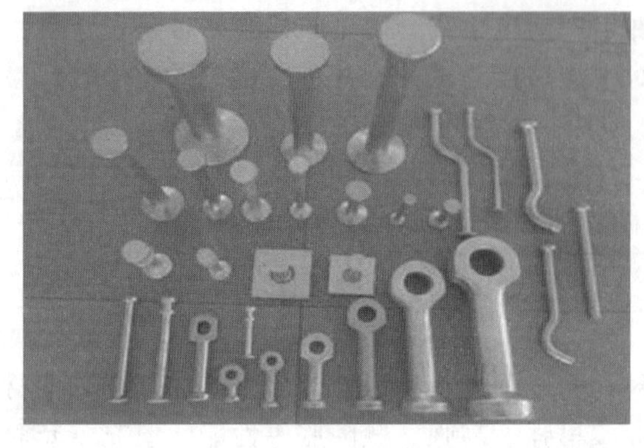

图 3-7　预埋吊钉

图 3-8　吊爪

预埋件的材料、品种、规格、型号应符合国家相关标准规定和设计要求。预制构件钢筋连接用预埋件、螺栓、锚栓和焊接材料应符合现行国家标准《混凝土结构设计规范》GB 50010、《钢结构设计标准》GB 50017、《钢筋焊接及验收规程》JGJ 18 等有关规定。

## （八）钢筋浆锚连接用镀锌金属波纹管

钢筋浆锚连接用镀锌金属波纹管（图 3-9）进厂检验应符合下列规定：

（1）应全数检查外观质量，其外观应清洁，内外表面应无锈蚀、油污、附着物、孔洞，不应有不规则的褶皱，咬口应无开裂、脱扣。

（2）应进行径向刚度和抗渗漏性能检验，检查数量应按进场的批次和产品的抽样检验方案确定。

（3）检验结果应符合现行行业标准《预应力混凝土用金属波纹管》JG 225 的规定。

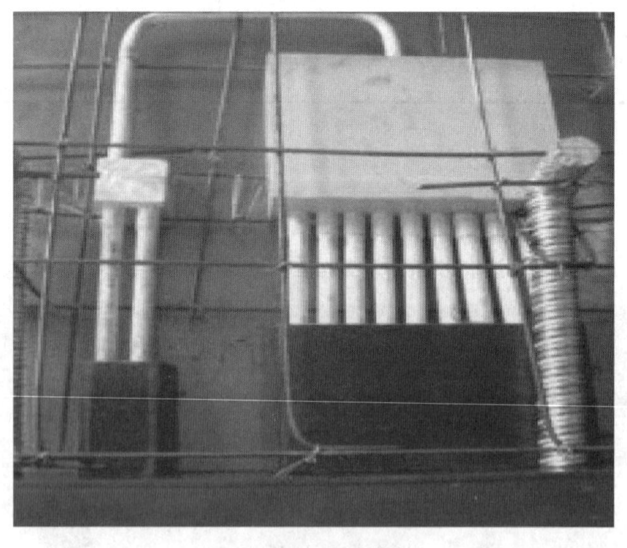

图 3-9　金属波纹管

## （九）脱模剂

根据脱模剂的特点和实际要求，PC 构件工厂宜采用水性脱模剂，降低材料成本，提高构件质量，便于施工。脱模剂应符合下列规定：

（1）脱模剂应无毒、无刺激性气味，不应影响混凝土性能和预制构件表面装饰效果。

（2）脱模剂应按照使用品种，在选用前及正常使用后每年进行一次匀质性和施工性能试验。

（3）检验结果应符合现行行业标准《混凝土制品用脱模剂》JC/T 949 的有关规定。

## 二、原材料的验收与送检

材料进场必须检验合格方可使用。进场的材料应附带对应的供货商质量合格证明材料（合格证、出厂检测报告），施工单位应对材料的产地、品种、规模、型号、外观进行核对，材料数量应与合格证相符。核对无误后按施工验收规范的规定抽样检验，检测结果合格后填写“拟进场工程材料、构配件和设备报审表”及相关质量证明材料报监理机构，经专业监理工程师审核，书面同意方可使用。

对涉及结构安全和重要使用功能的原材料除供应商提供出厂合格证书之外，还应按相关施工验收规范中的要求，对进场材料按规定的种类、批量、参数做进场复验，合格后方可使用。

所有送检的试样，其取样频率、样品的数量、尺寸及取样程序、标识必须符合有关规定。对试块的取样送检程序应严格执行见证取样送检制度。见证取样比例：不低于有关技术标准中规定应取样数量的 30%。

## 思考题

1. 简述预制构件预制厂项目生产计划的分类和构成。
2. 构件生产方案的主要内容有哪些？
3. 预制构件制作时，需使用哪些标准或非标准的工装？吊装工装主要设备有哪些？
4. 构件运输时，需要使用哪些工装？
5. 简述灌浆套筒的分类。
6. 什么是保温拉结件？保温拉结件有哪几类？
7. 预制构件的混凝土强度要求是什么？
8. 预制构件生产前，要做好哪些准备工作？

# 第四章　构件生产工艺

预制构件生产有多种方式，构件预制场需要科学合理地选择合适的生产工艺。构件生产工艺主要流程包括：生产前准备、模具制作和拼装、钢筋加工及绑扎、饰面材料加工及铺设、混凝土材料检验及拌和、钢筋骨架入模、预埋件门窗保温材料固定、混凝土振捣与养护、脱模与起吊及质量检查等。其中，一次浇筑成型构件生产工艺以叠合板最具代表性，二次浇筑成型构件生产工艺以三明治保温墙板最具代表性。

## 第一节　构件预制工艺简介

### 一、工厂化生产与现场预制

PC 构件的生产分游牧式工厂预制（现场预制）和固定式工厂预制两种形式。其中：现场预制又分为露天预制、简易棚架预制；工厂预制也有露天预制与室内预制之分。近些年，随着机械化程度的提高和标准化的要求，工厂化预制逐渐增多。目前，大部分 PC 构件为工厂化室内预制。

无论何种预制方式，均应根据预制工程量的多少、构件的尺寸及质量、运输距离、经济效益等因素，理性进行选择，最终达到保证构件的预制质量和经济效益的目的。

### 二、构件预制生产线

不同构件的形状、组成、生产方式不尽相同，为实现产品设计、保证产品质量，需要完备的构件生产线和工艺流程。预制构件生产线主要包括固定模台生产线和移动模台生产线，二者自动化程度不同，可根据预制构件的结构和制作特点进行生产方式的选择。

根据模台的运动与否，PC 预制构件生产工艺分为平模传送流水线法和固定模位法。预制构件生产线按流水生产类型（模台和作业设备关系）可分为：环形流水生产线、固定生产线（包含长线台座和固定台座）、柔性流水线。

#### 1. 环形流水生产线

环形流水生产线一般采用水平循环流水方式，即采用封闭的连续的按节拍生产的工艺流程，可生产外墙板、内墙板和叠合板等板类构件。环形流水作业的循环模式，即经布料机把混凝土浇筑在模具内、振动台振捣后需要集中进行养护，使构件强度满足设计强度时才进行拆模处理的生产工艺。拆模后的混凝土预制构件通过成品运输车运输至堆场，而空模台沿输送线自动返回，这样就形成了环形流水作业。

以生产三明治外墙板为例，在平模传送流水生产线中，有模台清扫、脱模剂喷涂、划线、内叶板模板钢筋安装、预埋件安装、一次浇筑混凝土、混凝土振捣、外叶板模板安装、保温板安放、拉结件安装、外叶板钢筋网片安装、预埋件安装、二次浇筑混凝土、振捣刮平、构件预养护、构件抹光、构件蒸养、构件脱模、墙板吊运、修复检查、清洗打码等 21 道生产工序。

2. 固定生产线

固定生产线可分为长线台座生产线和固定台座生产线，其基本思路均采用模台固定、作业设备移动的生产方式进行布置。固定生产线因采用模台固定、作业设备移动的布置方式，无法像环形生产线一样大面积布置作业设备，故该类型的生产线大多采用作业功能集成的综合一体化作业设备，如移动式布料振捣一体机、移动式面层处理一体机、移动式振平拉毛覆膜一体机、移动式清理喷涂一体机、移动式翻转机等。

固定台座生产线则是指所有的生产模台按一定距离进行布置，每张模台均独立作业。固定台座生产线主要用于生产截面高度超过环形生产线最大容许高度、尺寸过大、工艺复杂、批量较小等不适合循环流水的异型构件，例如楼梯、阳台、飘窗、PCF 板等。

根据模板的水平与否，固定模位法分为平模法、立模法两种。固定模位生产线既可设置在车间内，也可设置在施工现场。此种工艺具有投资少、操作简便的优点，但也有效率低、能耗高、速度慢等缺点。在建筑工地周边开辟出预制场地，进行大型构件的现场生产，可以减轻 PC 构件运输的压力，同时可大大降低工程成本。

长线台座生产线是指所有的生产模台通过机械方式进行连接，形成通长的模台。目前，长线台座生产线主要用于各种预应力楼板的生产（图 4-1）。长线台座生产线与环形流水线的区别之处在于模台的不移动，增加了应力筋的安装、张拉、放张和切割环节，混凝土运输、振捣、养护方式也不同。

图 4-1　长线台座生产线

### 3. 柔性流水线

柔性流水线是一种混凝土预制构件生产线，将人工加工工位与设备加工工位区分开来，通过一台中央转运车来转运模台。其综合了传统环形生产线和固定生产线各自的优势。柔性流水线相对传统的环形生产线，有以下优点：

（1）在混凝土预制构件的加工工艺中，人工装边模板、装钢筋、装预埋件、装保温层的工位用时很多，是生产线的瓶颈工位，环线中为了匹配节拍，需要增加人工工作的工位数，这就导致了生产线变长，对于空间长度不够的车间，只能延长节拍、减低产能来对应。

（2）在环形生产线中，由于模台在规定线路上运行，且各工位需要时间不同，很容易就会出现“快等慢”的情况。或者由于其中一个模台出现故障需要暂停，则整条生产线都需要等待问题解决后才能继续运行，很容易窝工。柔性流水线由于存在独立的工位，可以把慢模台或者故障模台转移到独立工位上，而不影响其他模台的运行。

（3）在设备加工的工序中，仍然保留了流水线的特性，环形流水线的优势依然保留，内墙板、外墙板、叠合板均可以生产，调度灵活，可以适应各种生产形式。

柔性流水线的基本思路是为了不影响流水线的生产节拍，将需人工作业、作业效率较低的某个工序从流水作业中分离出来，设置独立的工作区，该工序完成后可随时加入流水线中，不占用流水线的循环时间，以保证整条流水线的生产节拍。需设备作业完成的工序仍保留流水作业的方式，不影响生产效率。

柔性流水线的独立工作区和整条流水线类似于半成品分厂和总厂的关系，因此可根据场地的实际情况灵活布置，工艺设计的弹性更大，对不同类型构件的生产适应性更强。

## 三、预制构件的成型

常用的振捣方法有振动法、挤压法、离心法等，以振动法为主。

### 1. 振动法

用台座法制作构件，使用插入式振动器和表面振动器振捣。插入式振动器振捣时宜呈梅花状插入，间距不宜超过 300 mm。若预制构件要求具有清水混凝土表面，则插入式振动棒不能紧贴模具表面，否则将留下棒痕。表面振动器振捣的方法分为静态振捣法和动态振捣法。前者用附着式振动器固定在模具上振捣，后者是在压板上加设振动器振捣，适宜不超过 200 mm 厚的平板混凝土构件。

### 2. 挤压法

挤压法常用于连续生产空心板，尤其是预制轻质内隔墙时常用。

### 3. 离心法

离心法是将装有混凝土的模板放在离心机上，使模板以一定转速绕自身的纵轴旋转，模板内的混凝土由于离心力作用而远离纵轴，均匀分布于模板内壁，并将混凝土中的部分水分挤出，使混凝土密实。离心法常用于大口径混凝土预制排水管生产中。

## 四、构件生产工艺

PC 构件制作工艺有两种：固定方式和流动方式。固定方式是模具布置在固定的位置，包括固定模台工艺、立模工艺和预应力工艺等。流动方式是模具在流水线上移动，也称为流水线工艺，包括手控流水线、半自动流水线和全自动流水线。

本节分别对墙板、叠合楼板、楼梯、复合墙板所用的生产工艺以及构件养护工艺进行介绍。

### （一）墙板生产工艺

墙板生产共有三大生产工艺：平模、挤出、立模。立模有单组模腔、双组模腔（靠模）、多组模腔等工艺。常见的挤出工艺有挤压成型法、振动拉模法等。平模工艺是目前 PC 构件的主流生产工艺。其中平模预制生产三明治外墙的方式分为正打法、反打法。

所谓正打法，即首先进行内叶板混凝土的浇筑生产，然后组装外叶板模板，安装保温层、拉结件、外叶板钢筋后，浇筑外叶板混凝土。反之，则是反打法。

正打法的优点是浇筑内墙板时，可通过吸附式磁铁工装将各种预留预埋进行固定，方便、快捷、简单、规整，但相对加大了外叶板抹面收光的工作量。外叶板抹面收光后的平整度和光洁度会相对较差。

反打法的优点是外叶板的平整度和光洁度高，实现石材/瓷砖反打，缺点是在浇筑内叶板混凝土时，会对已浇筑的外叶板混凝土和刚刚安装的保温层造成很大的压力，造成保温层四周的翘曲。由于内叶板面存在较多的预留预埋，不利于振动赶平机的作业，同时振动赶平机对于 20 cm 厚的内叶板的振捣质量，与 5 cm 厚的外叶板相比较差，要采用人工辅助振捣。

### （二）叠合楼板生产工艺

叠合楼板预制非常适合于平模传送流水线法，具有生产效率高、产量大的特点；也可在车间内的固定模台上生产，即采取叉车端运、桁吊吊运、桁吊与混凝土搅拌运输车配合运输混凝土等多种预制生产方式。

在游牧式预制厂中，同样可采取多种灵活的设备组合方式。龙门吊与混凝土搅拌运输车组合时，龙门吊可浇筑混凝土，也可吊运构件。其余还有汽车吊与混凝土搅拌运输车、汽车吊与叉车、龙门吊与叉车车等多种机械组合模式。

### （三）楼梯预制生产工艺

目前，楼梯预制有两种生产工艺，即立模浇筑法、卧模浇筑法。立模工艺是 PC 构件固定生产方式的一种。立模工艺与固定模台工艺的区别是：固定模台工艺构件是“躺着”浇筑的，而立模工艺构件是立着浇筑的。

立模有独立立模和组合立模。一个立着浇筑的柱子或一个侧立浇筑的楼梯板的模具属于独立立模，成组浇筑的墙板模具属于组合立模。

组合立模的模板可以在轨道上平行移动，在安放钢筋、套筒、预埋件时，模板移开一定距离，留出足够的作业空间，安放钢筋等结束后，模板移动到墙板宽度所要求的位置，然后再封堵侧模。

立模工艺适合无装饰面层、无门窗洞口的墙板、清水混凝土柱子和楼梯等。其最大优势是节约占地。立模工艺制作的构件，立面没有抹压面，脱模后也不需要翻转。

立模不适合楼板、梁、夹芯保温板、装饰一体化板的制作，对侧边出筋复杂的剪力墙板也不大适合；柱子也仅限于要求四面光洁的柱子，因为柱立模成本较高。

### （四）复合墙板生产工艺

复合墙板立式预制法的优点在于：只有一个侧面需要抹面、收光；用工量少，生产迅速，效率高；构件外形平整、美观。它还有一个优点是设备占地空间小，以成组立模的形式来批量生产。

复合墙板立式生产预制的历史较为悠久，从单一的单组模腔，到双组模腔即“靠模”，后来再发展为多组模腔。目前，成组立模的模腔数多为 8、10、12、16、20 组。目前，成组立模的结构种类有半拆式立模、全拆式立模、悬挂式立模、芯模固定等形式，且多用于生产复合材料的内外墙板，例如复合夹芯板、聚苯颗粒水泥夹芯板、泡沫石膏夹芯板、轻质混凝土条板、石膏类条板等。

复合墙板立式生产工艺流程为：

（1）搅拌机搅拌混合料，完成一组成组立模浇筑墙板用料的搅拌。

（2）将成组立模打开，逐个清理模腔内杂物，并涂上脱模剂。

（3）安装钢筋网片并定位后，合上立模，并加固成组立模。

（4）在抽芯机工位，穿入成组芯管，检查芯管位置。

（5）成组立模在布料工位，在倾模机带动下，转换姿态，进入布料状态。

（6）混凝土输送泵将混合料送到布料机，布料机将混合料均匀注入各个模腔里。

（7）完成浇筑混合料的立模，在初养工位养护，待浇筑的混合料达到一定强度后，进入抽芯工位，利用抽芯机抽出芯管。

（8）芯管抽出的立模进入正式养护工位。

（9）完成养护的立模进入拆模工位。开模后，取出墙板。同时，清理模腔、涂上脱模剂，成组立模进入下一次生产循环。

（10）用叉车将墙板运至成品堆场堆放并进行二次养护。

### （五）构件养护工艺

混凝土预制构件的养护有自然养护、蒸汽养护、热拌混凝土热模养护、太阳能养护、远红外线养护等方式，常用自然养护、蒸汽养护两种方式。自然养护成本低、简单易行，但养护时间长、模板周转率低、占用场地大；蒸汽养护可缩短养护时间，模板周转率相应提高、占用场地大大减少。

#### 1. 蒸养的阶段

蒸汽养护是将构件放置在有饱和蒸汽或蒸汽与空气混合物的养护室内，在较高的温度和湿度的环境下进行养护，以加速混凝土的硬化，使之在较短的时间内达到规定的强度标准值。

蒸汽养护效果与蒸汽养护制度有关，它包括养护前静置时间、升温和降温速度、养护温度、恒温养护时间、相对湿度等。蒸汽养护的过程可分为静停、升温、恒温、降温等四个阶段：

静停阶段是混凝土构件成型后，在室温下停放养护的过程，以防止构件表面产生裂缝和疏松现象。

升温阶段是构件的吸热阶段，升温速度不宜过快，以免构件表面和内部温差太大而产生裂纹。

恒温阶段是升温后温度保持不变的阶段，此时混凝土强度增长快，这个阶段应保持 90%以上的相对湿度，最高温度不大于 60 °C。

降温阶段是构件的散热过程，降温速度不宜过快，每小时不得超过 10 °C。出池后，构件表面与外界温差不得大于 20 °C。

#### 2. 蒸养特点与优点

针对传统构件的蒸养特点，目前国内 PC 构件工厂为了大批量生产、减少占地面积，同时更要保证构件的强度，一般采用低温集中蒸养的方式，其特点如下：

（1）恒温蒸养，温度不超过 60 °C。

（2）辐射式蒸养，热介质通过散热器加热空气，之后传递给构件，并使之加热。

（3）多层仓位存储，每个窑可同时蒸养多个构件，数量取决于蒸养窑的大小。

（4）构件连同模台由码垛机控制进仓和出仓。

（5）窑内设计有加湿系统，根据构件要求，可调整空气的湿度。

蒸养的优点是：

（1）可大批量生产，进仓和出仓与生产线节拍同步。

（2）节省能源，窑内始终保持为恒温，热能的利用率高。

（3）码垛机采用自动控制，进仓出仓方便。

（4）热量损失小，只是开门时间产生热损。

### （六）PC 构件制作工艺的选择

预制构件制作工艺的选择与装配式建筑的结构类型有关，也与构件的市场规模有关。

我国的公共建筑以框架、框剪和筒体结构为主，PC 构件主要是柱、梁、外挂墙板和叠合楼板，除叠合楼板外，其他构件不适宜于流水线生产。住宅建筑以剪力墙和框剪结构为主，剪力墙板大都二边甚至三边出筋，一边为套筒或浆锚孔；外墙板或有表面装饰要求或有保温要求，工序繁杂；一项工程构件品种也比较多，还有一些异型构件，如楼梯板、飘窗、阳台板、挑檐板、转角板等。剪力墙结构体系的构件生产流水线若实现自动化和智能化，还有很长的路要走。

PC 工厂的建设首先应根据市场定位确定 PC 构件的制作工艺。投资者可选用单一的工艺方式，也可以选用多工艺组合的方式。

#### 1. 固定模台工艺

固定模台工艺可以生产各种构件，灵活性强，可以承接各种工程，生产各种构件。

### 2. 固定模台工艺+立模工艺

在固定模台工艺的基础上，附加一部分立模区，生产板式构件。

### 3. 单流水线工艺

适用性强的单流水线，专业生产标准化的板式构件，例如叠合楼板。

### 4. 单流水线工艺+部分固定模台工艺

流水线生产板式构件，设置部分固定模台生产复杂构件。

### 5. 双流水线工艺

布置两条流水线，各自生产不同的产品，都可达到较高的效率。

### 6. 预应力工艺

预应力工艺在有预应力楼板需求时设置。当市场量较大时，可以建立专业工厂，不生产别的构件；也可以作为采用其他装配式混凝土结构构件工艺的工厂的附加生产线。

## 第二节　一次浇筑成型构件生产工艺

一次浇筑成型构件包括叠合板、阳台板、空调板、内墙板、楼梯、梁、柱等构件。生产工艺流程如图 4-2 所示。

### 1. 模具清理

新制模具应使用抛光机进行打磨抛光处理，将模具内腔表面的杂物、浮锈等清理干净（图 4-3）。打磨抛光时，应将模具拆分开来，将模具内腔向上，平铺在地上，从一个模具边角开始向外逐步打磨，保证打磨均匀全面，不得跳跃打磨和漏打磨。

经过打磨抛光的模具，使用脱模剂进行清洗，根据模具的干净程度，脱模剂清洗遍数一般在 2～3 次。在无法保证模具内腔干净时，可适当增加清洗遍数。

### 2. 模具组装

（1）模具清理干净后、对模具进行组装（图 4-4）。按照模具预留的固定孔位，使用相应的螺栓固定。构件侧模的固定一般为螺栓固定、磁吸固定等方式，螺栓固定使用更为普遍一些，一般螺栓大小为 M12 左右，根据侧模的定位孔的位置，在底模相应的位置进行打孔锥丝，最后使用螺栓固定。按照定位螺栓的位置，将侧模固定在底模上，比较常见的就是在流水线上作业，在标准的大模台上进行模具的组装。

（2）模具组装前需要在模具相互接触连接的地方粘贴密封条，密封条一般为 5 mm×20 mm 的发泡密封条。粘贴时，应顺模具内腔轮廓粘贴，粘贴位置宜靠近模具内腔边缘 2～3 mm。

（3）模具组装时，应注意不要暴力安装，一定要将各个螺栓对准与之对应的螺母试拧，发现丝扣摆放不正时，应及时卸下重新安装紧固。紧固的力量合适即可，不可过大或者拧固不紧。带有销孔销轴的模具，可先将销轴与销孔定位，然后再安装紧固螺栓。

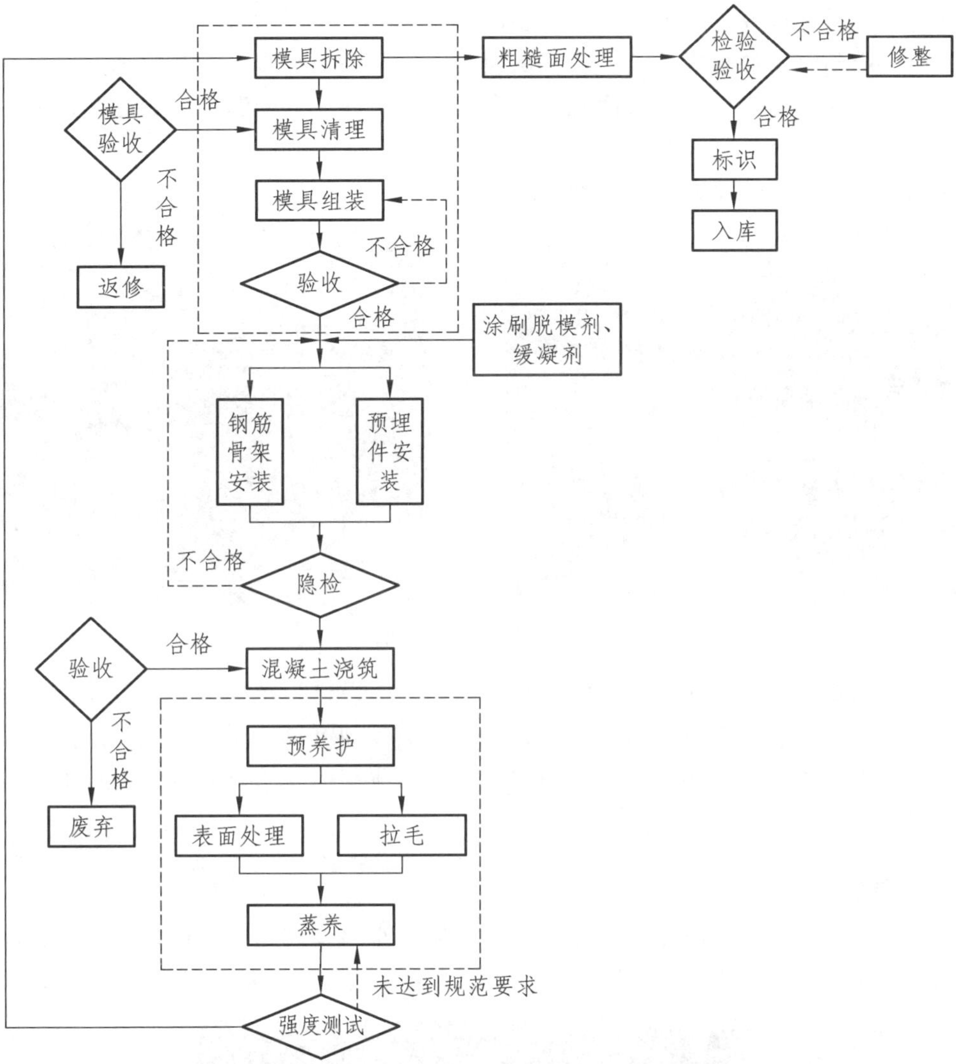

模具拆除
粗糙面处理
检验验收
不合格
修整
合格
标识
入库
模具验收
合格
模具清理
不合格
返修
模具组装
不合格
验收
合格
涂刷脱模剂、缓凝剂
钢筋骨架安装
预埋件安装
不合格
隐检
验收
合格
混凝土浇筑
不合格
废弃
预养护
表面处理
拉毛
蒸养
未达到规范要求
强度测试

图 4-2　一次浇筑成型构件生产工艺流程

图 4-3　模具清理

图 4-4　模具组装

3. 涂刷脱模剂、缓凝剂

模具清理后需进行脱模剂涂刷（图 4-5），将模具各个部位内腔面层朝上，统一摆好，使用干净的白色棉丝蘸上调理好的脱模剂，从模具一端向四周逐步涂刷脱模剂。脱模剂可以采用油性蜡质脱模剂，以保证构件表面光滑，有光泽，无黏模等问题。涂刷好脱模剂，待脱模剂渗透后，使用干净棉丝，将构件表面涂刷的多余脱模剂清理干净。涂刷脱模剂不得有漏刷、堆积的问题，并应注意不要将脱模剂滴落在钢筋上。

图 4-5　涂刷脱模剂

缓凝剂的涂刷：因为有的预制构件部分外露钢筋面设计为粗糙面，工艺设计采用化学粗糙处理方法，所以在模具相应位置需涂刷缓凝剂。缓凝剂可以使用干粉或者液体，涂刷时应均匀，涂刷厚度一致，无漏刷、流淌等问题（缓凝剂应提前涂刷，以保证混凝土浇筑时缓凝剂已经凝固）。

4. 钢筋安装

（1）将验收合格后的钢筋骨架成品，正确使用吊车吊至模具内。钢筋骨架应整体吊装，吊装过程中应保证钢筋骨架的水平平行，并采取有效措施防止钢筋骨架变形（图 4-6）。

图 4-6　钢筋安装

（2）为控制钢筋保护层厚度，用吊杆将钢筋网片吊起，或用塑料垫块将网片支起，以保证保护层厚度。禁止出现漏筋现象。

5. 预埋件安装

（1）首先通过图纸配件表确定预埋件、线盒的型号、规格、数量，预留孔洞的大小等信息（图 4-7）。

图 4-7　预埋件安装

（2）严格按照图纸设计位置安装预埋件、线盒、预留孔洞配件（图 4-8）。

图 4-8　预埋线盒及接驳点

（3）预埋件应使用专用工装进行安装固定，确保定位准确（图 4-9）。

图 4-9　预埋件工装固定

（4）注意预埋件、线盒在混凝土施工中的保护。

### 6. 混凝土浇筑、振捣

（1）混凝土施工条件：模具验收、模具清理、钢筋验收、预埋件验收完成后，隐检准备好后，填写隐蔽记录，请驻厂监理进行验收，驻厂监理同意验收后方可进行浇筑。

（2）混凝土采用现场搅拌，机械布料机入模浇筑（图 4-10）。

图 4-10　混凝土浇筑

（3）混凝土浇筑前，应有专职检验人员检查混凝土质量。严格控制混凝土坍落度（控制在 120 ~ 160 mm），对于不合格的混凝土禁止使用。

（4）混凝土在浇筑过程中，振动棒应避免与预埋件、线盒直接接触。在预埋件附近，需小心谨慎。在浇筑振捣时观察线盒、预埋件、孔洞位置有无位移，及时校正预埋件位置，保证其不产生过大位移。

（5）混凝土浇筑振捣后刮去多余的混凝土（或填补凹陷），进行粗抹，严格控制厚度，不得有过厚或者过薄的问题，厚度控制要求偏差在 0 ~ 3 mm。

（6）对于楼梯、梁、柱等构件，应分层振捣（每层厚度以 300 mm 为宜）。混凝土振动棒工作时，应将混凝土振动棒垂直或倾斜地插入混凝土中，“快插慢拔”，捣振一定时间即可。振动时混凝土振动棒应上下抽动。由于钢筋较密，混凝土振动棒应采用 30 型小型振动棒。混凝土施工从柱根开始逐渐向柱头行进。混凝土施工时振动棒注意不要碰撞预埋铁件，防止其移位。

（7）浇筑完成后，浇筑班组应认真做好浇筑记录。

### 7. 混凝土赶平、压光

混凝土浇筑成型后，将其操作面抹平压光。混凝土收面过程要求用杠尺或振动赶平机刮平（图 4-11），手压面应从严控制（平整度在 3 mm 内）。一般做法为：

抹平：刮去多余的混凝土（或填补凹陷），进行粗抹。

中抹平：待混凝土收水并开始初凝后，用铁抹子抹光面，达到表面平整、光滑。

精抹平（1 ~ 3 遍）：在初凝后，使用铁抹子精工抹平，力求表面无抹子痕迹，满足平整度要求。

图 4-11　混凝土赶平

8. 成型养护

（1）构件浇筑成型后进行蒸汽养护。蒸养过程如下：静停（1～2 h）→升温（2 h）→恒温（4 h）→降温（2 h）。根据天气状况可作适当调整。

① 静停 1～2 h，时间根据实际天气温度及坍落度可适当调整。

② 升温速度控制在 15 °C/h。

③ 恒温最高温度控制在 60 °C。

④ 降温速度控制在 15 °C/h，当构件的温度与大气温度相差不大于 20 °C 时，撤除覆盖。

采用固定台座法生产时，可采用覆盖薄膜自然养护，也可以采用拱形棚架、拉链式棚架进行蒸汽养护。

（2）叠合板在进入养护窑之前需进行表面粗糙处理，拉毛采用机械拉毛（图 4-12）。叠合板粗糙面凹凸尺寸不小于 4 mm。表面拉毛处理时，对于灰浆较厚的，应从振捣环节、拉毛时机方面考虑采用人工辅助加强拉毛，对表面泛光、光滑的毛糙面重新打磨处理。板端中间桁架筋空当处压光一个 500 mm×500 mm 区域，为标明工程名称、构件型号、生产日期、生产单位、装配方向、合格状态、监理单位盖章标识等作准备。每个构件型号标识不少于两处。

图 4-12　混凝土拉毛

（3）测温人员填写测温记录，并认真做好交接记录。

9. 脱模起吊

楼梯、楼梯隔墙板、空调板、叠合板等构件强度达到规范要求值后方可脱模，较大的构件或者有特殊要求的构件需在强度达到100%后才能脱模起吊。

脱模前要将固定模板和线盒、预埋件的全部螺栓拆除，再打开侧模，用吊装梁或者水平吊装架将构件按照图纸设计的吊点水平吊出。

应根据构件形状、尺寸及质量要求选择适宜的吊具。尺寸较大的构件应选择设置分配梁或分配桁架的吊具吊装。在吊装过程中，吊索与构件水平夹角不宜大于60°，不应小于45°，并保证吊车主钩位置、吊具及构件重心在竖直方向重合。

构件脱模后应对模具面（除粗糙面以外）混凝土表面质量进行检查，发现有气泡、裂缝等问题时，单独存放修补。

10. 粗糙面处理

构件出模后及时对构件粗糙面按图纸要求做成露骨料面（涂刷缓凝剂+冲刷）（图4-13）。构件吊出后，应放置在专用的冲洗区，对构件进行高压水冲洗，按图纸要求做成露骨料面（涂刷缓凝剂+冲刷）。冲洗过程应保持适当的压力，压力过大会造成石子被冲洗掉，压力过小则造成冲洗不干净，达不到毛糙的效果。冲洗时，还应注意保持冲洗的均匀性，不得有漏冲和过冲的问题发生。

图4-13　构件粗糙面处理

11. 构件表面修整

构件脱模后存在的一般缺陷，经检验人员判定，不影响结构受力的缺陷可以修补。修补流程：材料及工具准备→基层清理→修补材料调配及修整→养护→表面修饰。

（1）面积较小且数量不多的蜂窝、缺棱掉角、大气泡或露石子的混凝土表面，先用钢丝刷刷去松动部分，再用清水冲洗干净待修理表面的基层，然后用1∶2的水泥砂浆抹平。

（2）面积较大的蜂窝、缺棱掉角、露筋或露石子的混凝土表面应按其全部深度凿除其周围的薄弱松动混凝土，再用清水冲洗干净待修理的基层表面，然后用比原混凝土强度等级高一级的细石混凝土填塞，并仔细捣实抹平。

（3）修整后的混凝土构件应采取措施进行保温保湿养护。

12. 质量检验与验收（图 4-14）

（1）混凝土强度。

混凝土的脱模强度符合规定值。混凝土的 28 d 强度应符合《混凝土强度检验评定标准》GB 50107—2010。

（2）外观检验。

构件的外观须逐块进行检验，应符合要求。外观质量不符合要求但允许修理的，经技术部门同意后可进行返修，返修项目可重新检验。

（3）尺寸检验。

构件的规格尺寸偏差应符合规定。

检验数量：全数检验，在脱模、清理、码放过程中逐项进行检验。实测实量记录要求每天按生产数量的 5%且不少于 3 件填写。

对不符合质量标准但允许修理的项目，经技术负责人同意后可修理并重新检验。

符合以下要求的构件可定为合格品：

① 隐、预检符合设计、规范要求。

② 经检验允许偏差符合规范要求。

图 4-14　构件质量检查与验收

## 第三节　二次浇筑成型构件生产工艺

二次浇筑成型构件包括夹心保温外墙板（保温装饰一体化外墙板）、女儿墙、PCF 板、夹心保温阳台板等构件（图 4-15）。需要强调的是，由于外装饰层混凝土薄，PCF 板在吊装过程中容易断裂；吊装件被混凝土包裹面少，吊装件容易脱落。在生产中需要注意预留的埋件和吊装件的冲突问题。

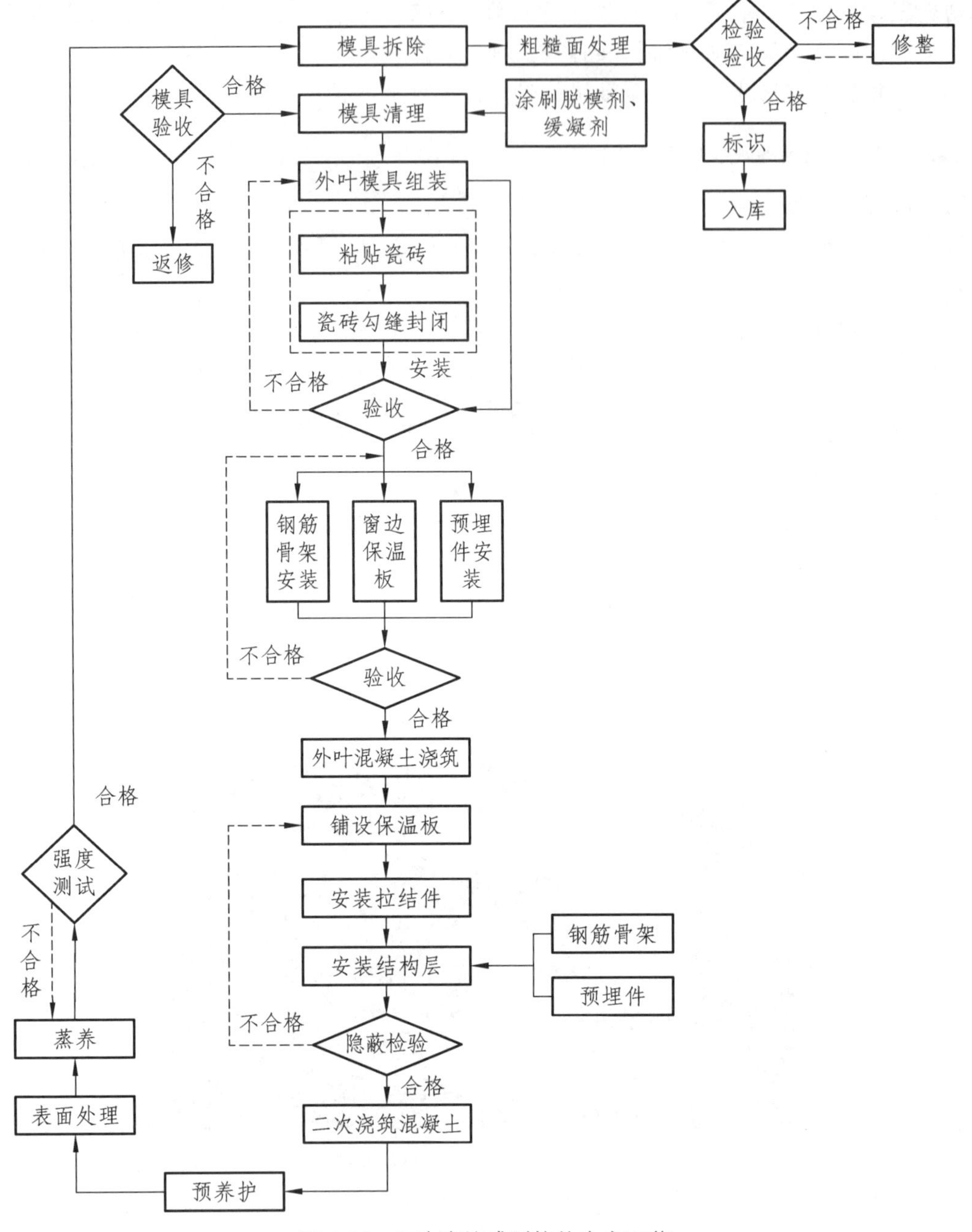


图 4-15　二次浇筑成型构件生产工艺

1. 模具清理

新制模具应使用抛光机进行打磨抛光处理，将模具内腔表面的杂物、浮锈等清理干净。打磨抛光时，应将模具拆分开来，将模具内腔向上，平铺在地上，从一个模具边角开始向外逐步打磨，保证打磨均匀全面，不得跳跃打磨和漏打磨。

新制模具清洗：经过打磨抛光的模具，使用脱模剂进行清洗，根据模具的干净程度，脱模剂清洗遍数一般在 2 ~ 3 次。在不能保证模具内腔干净时，可适当增加清洗遍数（对于外墙板为瓷砖反打构件，底模面层可以不必使用脱模剂清洗，将浮锈、杂物清理干净即可，防止瓷砖无法与底模固定）。

### 2. 模具组装

模具组装前需要在模具相互接触连接的地方粘贴密封条，密封条一般为 5 mm×20 mm 的发泡密封条。粘贴时，应顺模具内腔轮廓粘贴，粘贴位置宜靠近模具内腔边缘 2 ~ 3 mm（图 4-16）。

图 4-16　模具连接处粘贴密封条

模具组装前应根据模具编号，将墙板的外叶装饰层模具放置在相应的位置上，根据模具紧固的先后关系，上好模具紧固螺栓。而构件结构层模具先行与准备好的钢筋骨架进行组装，并临时固定好待用。

模具组装时，应注意不要暴力安装，一定要将各个螺栓对准与之对应的螺母进行试拧，发现丝扣摆放不正时，及时卸下重新安装紧固。紧固的力量合适即可，不可过大或者有拧固不紧的现象。带有销孔销轴的模具，可先行将销轴与销孔定位，然后再安装紧固螺栓。

### 3. 缓凝剂与脱模剂的涂刷

模具组装好以后，在模具内腔涂刷脱模剂。脱模剂可以采用油性蜡质脱模剂，保证构件表面光滑、有光泽、无黏模。涂刷好脱模剂后，待脱模剂渗透后，使用干净棉丝将构件表面外墙板模具多余的脱模剂清理干净。涂刷脱模剂不得有漏刷、堆积的问题，并注意不要将脱模剂滴落在钢筋上。涂刷过的模具表面禁止脚踩、蹬踏等现象发生。

缓凝剂的涂刷：预制构件墙板，因为部分外露钢筋面设计为毛糙面，工艺设计采用化学毛糙处理方法，在模具相应位置应涂刷缓凝剂。缓凝剂可以使用干粉或者液体，涂刷时应均匀，涂刷厚度一致，无漏刷、流淌等问题（缓凝剂应提前涂刷，保证混凝土浇筑时，缓凝剂已经凝固）。

### 4. 粘贴瓷砖（仅对带瓷砖构件）

外墙板构件反打瓷砖：在墙板外叶模具组装完后，根据图纸粘贴瓷砖。对于异型瓷砖应提前切割准备好，根据瓷砖尺寸，在底模上粘贴双面胶带，胶带间距应保证每版瓷砖至少有两道双面胶带固定。在加工条件允许的情况下，可以将瓷砖定位线使用激光投放在底模上。

瓷砖在粘贴过程，根据图纸要求，使用相应颜色的瓷砖，将其固定在模具的特定位置，将配套的瓷砖分格条固定在瓷砖缝隙间，保持缝隙的宽度及直线度的一致。粘贴好瓷砖后，应检查瓷砖的颜色、缝隙宽度、缝隙的直线度是否符合图纸及规范要求，对于不符合要求的部位及时进行调整。

5. 瓷砖勾缝密闭（仅对带瓷砖构件）

对于有勾缝颜色要求的，提前购买相应的颜料，勾兑出相应的颜色，经过调配确定好比例，然后使用专用的勾缝工具对瓷砖缝隙作密闭处理，密闭过程应将勾缝水泥浆压实，以保证构件缝隙内光滑密实。

对于勾缝没有颜色要求的，可以使用水泥本色加胶进行勾兑。勾缝密闭过程一定要保证瓷砖每个缝隙密闭完整、密实，不得有漏勾。此外，勾缝时，污染瓷砖背面的面积越小越好，一般以不超过 10 mm 为宜，以免影响瓷砖的黏结强度。

6. 首次钢筋骨架（网片）安装

安装构件外叶装饰层钢筋网片，并按照要求将钢筋网片定位好，带窗口构件保证网片与窗口模具以及上下层的保护层位置准确（图 4-17）。

图 4-17　钢筋骨架（网片）安装

7. 外叶装饰层预埋件、孔洞成型棒安装及浇筑

（1）外叶装饰层埋件、孔洞安装。一般外叶装饰层埋件孔洞包括预埋空调埋件、预留空调穿墙孔洞以及预留现浇模具穿墙通孔等。

（2）预埋空调板埋件在安装时应注意空调埋件内的安装孔洞方向，一般安装孔洞保持与地面平行。

（3）带悬挑飘窗构件的保温板安装，通过保温板定位固定措施，将保温板固定好。构件所用保温板应提前准备好，根据图纸要求放样，并按照要求将拉结件孔位开好。

（4）带门窗口的构件，安装门窗固定埋件（防腐木砖）。根据模具预留 $\phi5$ 孔洞，使用 3 mm×40 mm 的自攻钉，固定防腐木砖。防腐木砖的位置要准确，并且保证木砖平行于底模。防腐木砖钢筋应与装饰层网片绑扎固定。

8. 外叶装饰层混凝土浇筑及振捣

（1）构件外叶装饰层混凝土浇筑（图 4-18）前应进行隐蔽检查，确保钢筋规格、数量、位置符合要求，以及预留预埋件、孔洞等符合图纸要求。检查混凝土坍落度是否符合要求。

图 4-18　装饰层混凝土浇筑

（2）外叶装饰层的混凝土石子粒径不应超过 16 mm，以免影响瓷砖黏结，或者造成振捣不密实。

（3）混凝土浇筑时，应均匀布料，由于外叶装饰层混凝土厚度较薄，宜采用手持式平板振动器振捣混凝土，做到随浇筑随振捣，振捣完成的作业面及时进行平整。浇筑振捣尽量避开埋件处，不允许出现漏振、过振等情况。振捣至混凝土表面无明显气泡溢出为宜。

（4）浇筑时严格控制混凝土厚度，外叶装饰层混凝土浇筑厚度宜控制在 0 ~ 3 mm 内，不宜控制为正偏差。

9. 保温板安装

（1）根据图纸的要求，将提前裁好的保温板按照要求位置，使用拉结件进行固定，并保证拉结件与下层混凝土紧密结合，不应扰动下层混凝土。保温板各分块之间以及与模具之间应紧密，避免出现较大的缝隙，以免降低保温效果。保证在混凝土初凝前铺装完保温材料，使保温材料与混凝土粘贴牢固（图 4-19）。

（2）预制带保温板构件一般常用的保温板厚度有 30 mm、50 mm、60 mm、70 mm。特别注意一般墙板构件上口有 185 mm 高的较薄保温板，一般为 30 mm 或者 50 mm 厚。

（3）保温板拉结件的位置、数量应严格按照图纸要求执行（图 4-20）。对于处于结构层外的保温板采用平锚的拉结件固定，防止结构层模具无法脱模问题发生。

图 4-19　安装保温板

（4）拼装不允许错台；挤塑板拼缝≤3 mm 的缝隙使用胶带封严，>3 mm 的缝隙用发泡胶封堵；拉结件与孔洞之间的空隙使用发泡胶封堵；保温板调整位置时，使用橡胶锤敲打。

图 4-20　安装拉结件

注：PCF 板到此工序已浇筑完毕，下一道工序是试块的制作。

### 10. 安装结构层钢筋骨架

（1）结构层钢筋骨架与结构层模具提前组装好，整体吊装到外叶装饰层模具上，对准相应的固定孔位慢慢下落。在下落过程中应避免与拉结件以及飘窗钢筋冲突，如果有冲突的地方及时错开。

（2）结构层钢筋骨架就位后，及时将紧固连接螺栓固定好，将飘窗钢筋按照图纸要求，压入结构层内，并与结构层钢筋绑扎牢固（图 4-21）。

（3）带窗口构件将门窗口防腐木砖钢筋压入结构层内，确保钢筋能够有效地连接外叶装饰层与结构层。

（4）带窗口构件调整结构层钢筋骨架与门窗口模具、四边以及上下厚度方向的保护层尺寸。调整空调埋件、孔洞与钢筋冲突的地方，保证钢筋与配件互不干扰。

（5）安装结构层预埋件，根据模具加工时提供的定位固定配件，按照对应位置安装埋件。一般结构层埋件包括安装所需的预埋螺母等。

图 4-21　钢筋绑扎安装

（6）带套筒构件安装。一般灌浆管采用 $\phi18$ 内径的 PVC 管，外露出手工面层不少于 30 mm，保证相同规格套筒灌浆管在一条直线上，并用胶带封堵管头部位，防止漏浆。

（7）进行隐蔽检验，检查钢筋骨架、保护层安装后的模板外形和几何尺寸，钢筋、钢筋骨架、吊环的级别、规格、型号、数量及其位置，预埋件、拉结件、外露筋、螺栓预留孔的规格、数量及固定情况，主筋保护层厚度。

（8）隐检准备好后，填写隐蔽记录，报驻厂监理进行验收，驻厂监理同意验收后方可进行浇筑。

11. 浇筑结构层混凝土

（1）混凝土浇筑前，应有专职检验人员检查混凝土质量。对于不合格的混凝土禁止使用。

（2）混凝土布料要均匀，振捣时应注意埋件及保温板的位置，避免破坏保温板。对于边角、钢筋密集的地方要更加注意，防止出现振捣不实现象。

（3）混凝土浇筑成型后，将其操作面抹平压光。混凝土收面过程要求用杠尺或振动赶平机刮平，手压面应从严控制（平整度在 3 mm 内），特别是带窗口构件的窗口周边。要达到标准要求，一般做法为：

① 先使用杠尺或振动赶平机将混凝土表面刮平，确保混凝土厚度不超出模具上滑。

② 用塑料抹子粗抹，做到表面基本平整，无外露石子，外表面无凹凸现象，四周侧板的上沿（基准面）要清理干净，避免边沿超厚或有毛边。此步完成之后需静停不少于 1 h（图 4-22）。

③ 将所有埋件的工装拆掉，并及时清理干净，整齐地摆放到指定位置，锥形套留置在混凝土上，并用泡沫棒将锥形套孔封严，保证锥形套上表面与混凝土表面平齐。

④ 使用铁抹子找平，特别注意埋件、线盒及外露线管四周的平整度，边沿的混凝土如果高出模具上沿要及时压平，保证边沿不超厚并无毛边，此道工序需将表面平整度控制在 2 mm 以内，此步完成需静停 2 h。

⑤ 使用铁抹子对混凝土上表面进行压光，保证表面无裂纹、无气泡、无杂质、无杂物，表面平整光洁，不允许有凹凸现象。此步应使用靠尺边测量边找平，保证上表面平整度在 2 mm 以内。

图 4-22　混凝土静养

（4）浇筑完成后，浇筑班组应认真做好浇筑记录。

12. 试块制作

同种配合比的混凝土每工作班取样一次，做抗压强度的试块不少于 3 组（每组 3 块），分别代表出模强度、出厂强度（1 组）及 28d 强度。试块与构件同时制作，同条件蒸汽养护，出模前由实验室压试块并开出混凝土强度报告，满足出模要求方可出模。

13. 蒸汽养护

构件浇筑成型后覆盖并送入蒸养窑进行蒸汽养护（图 4-23）。蒸养过程如下：静停（1 ~ 2 h）→升温（2h）→恒温（4 h）→降温（2 h），根据天气状况可作适当调整。

图 4-23　蒸养窑

① 静停 1 ~ 2 h，时间根据实际天气温度及坍落度可适当调整。
② 升温速度控制在 15 °C/h。
③ 恒温最高温度控制在 60 °C。
④ 降温速度控制在 15 °C/h，当构件的温度与大气温度相差不大于 20 °C 时，撤除覆盖。

采用固定台座法生产时，可采用覆盖薄膜自然养护，也可以采用拱形棚架、拉链式棚架进行蒸汽养护（图 4-24）。

图 4-24 拉链式养护棚

测温人员填写测温记录，并认真做好交接记录。

14. 脱模、起吊翻转与表面处理

（1）脱模（图 4-25）。

① 当混凝土强度达到设计强度的 75%时方可脱模。

② 脱模前要将固定模具和埋件的全部螺栓拆除，再打开侧模，用水平吊环或吊母吊出构件。

③ 应根据构件形状、尺寸及质量要求选择适宜的吊具，尺寸较大的构件应选择设置分配梁或分配桁架的吊具吊装。在吊装过程中，吊索与构件水平夹角不宜大于 60°，不应小于 45°；保证吊车主钩位置、吊具及构件重心在竖直方向重合。

④ 吊出的构件放置在修补架上，在修补合格后，吊车吊钩挂住构件侧面吊环徐徐起吊进行翻转。翻转时应注意不损伤构件。

图 4-25 构件脱模

（2）表面处理。

① 构件翻转后，应及时用铲子和棉丝仔细清理，清理时不应损伤构件表面及边角。

② 构件四周结构层按图纸要求做成露骨料面（涂刷缓凝剂+冲刷，图 4-13）。

③ 瓷砖表面使用草酸或瓷砖清洗剂，将瓷砖表面灰浆清洗干净，露出瓷砖本色。

（3）修整。

构件出模翻转后存在的一些缺陷，经技术人员判定，不影响结构受力的缺陷可以修补。修补材料为 JM-X 型混凝土修补砂浆，这种砂浆固化迅速、抗压强度高，28 d 抗压强度大于 50 MPa。

① 混凝土缺棱掉角缺陷修补。

基层清理：对要修补部分，先剔除松动部分，清除表面浮灰，并对基层进行预湿。

修补砂浆配制：施工时，先将质量为干粉质量的 14% ~ 17%的水倒入桶中，再将干料倒入，用电动搅拌器将之搅拌均匀。没有电动搅拌器时也可用人工搅拌。

将搅拌好的修补砂浆用抹子直接抹到混凝土缺陷表面，填实补齐后收水压光。如修补空间较深，建议分层施工，而且在分层施工时，应在上一层初始硬化刚有强度时即抹下一层，以增强层间黏结力，使两层形成牢固的整体。

② 混凝土表面气泡修补。

严格控制混凝土表面气泡问题，对于局部且数量较少、直径小于 2 mm 的气泡可以不修，大于 3 mm 或局部分布较多的气泡用水预湿后再用修补砂浆填实抹平。

③ 面砖饰面表面缺陷的修理。

反打成型工艺生产的面砖饰面构件，如存在个别面砖破损或跑位偏移的外观缺陷，应剔除有缺陷的面砖，剔除深度应比面砖厚度深 5 ~ 10 mm，将修补部位的混凝土表面凿毛后再用清水冲洗干净，用高强修补料加水搅匀后涂抹于面砖背面，然后贴砖。注意胶黏剂要略有富余，找正后压实并用橡皮锤轻轻调平。砖缝用专用的泡沫塑料条成型，保证砖缝的宽度和深度尺寸。

对于带瓷砖构件砖缝存在的深浅不一缺陷，要用专用工具进行修整，注意避免损坏面砖及其黏结质量。

### 15. 质量检验与评定

（1）混凝土强度。

混凝土的脱模强度应符合规定值。混凝土的 28 d 强度应符合《混凝土强度检验评定标准》GB 50107 的规定。

（2）外观检验。

构件的外观须逐块进行检验。外观质量不符合要求但允许修理的，经技术部门同意后可进行返修，返修项目可重新检验。

（3）尺寸检验。

构件的规格尺寸偏差检验数量：全数检验，在脱模、清理、码放过程中逐项进行检验。实测实量记录。

（4）质量评定。

符合以下要求的构件可定为合格品：

① 隐、预检符合设计、规范要求。
② 经检验允许偏差符合规范要求。

## 第四节　预制楼梯生产工艺

目前，楼梯预制有两种生产工艺，即立模浇筑法、卧模浇筑法。

### 一、楼梯立式预制生产工艺

楼梯立式预制生产工艺，具有生产速度快、抹面和收光工作量小的优点。其生产流程如下：

1. 模具清理、喷涂刷油

打开模具丝杠连接，将立式楼梯模具活动一侧滑出；检查楼梯模具的稳固性能及几何尺寸的误差、平整度；对楼梯模具的表面进行抛光打磨，确保模具光洁、无锈迹，见图 4-26。

图 4-26　模具清理

2. 钢筋加工绑扎

在地面绑扎工位，在支架上按照设计图纸要求绑扎楼梯钢筋，并绑扎垫块，见图 4-27。

图 4-27　钢筋骨架绑扎

3. 楼梯钢筋入模就位、预埋件安装

使用桁吊将绑好的楼梯钢筋骨架吊入楼梯模具内，调整垫块保证混凝土保护层厚度。预埋件采用螺栓，穿过模具预留孔安装固定好。

4. 合模、加固

使用密封胶条将模具周边密封。将移动一侧的模板滑回，与固定一侧模板合在一起，关闭模具，用连接杆将模具固定，并紧固螺栓，见图 4-28。

图 4-28 模具合模、加固

5. 浇筑、振捣混凝土

桁吊吊运装满混凝土的料斗至楼梯模具上，打开布料口卸料。按照分层、对称、均匀的原则，每 20 ~ 30 cm 一层浇筑混凝土。振动棒应快插慢拔，每次振捣时间为 20 ~ 30 s。待混凝土停止下沉、表面泛浆、不冒气泡为止。也可以通过楼梯模具外侧的附着式振动器，进行楼梯混凝土的振捣密实。

6. 楼梯侧面抹面、收光

浇筑至模具的顶面后，进行抹面。静置 1 h 后，进行抹光。

7. 养 护

楼梯混凝土外露面抹光，罩上养护棚架，静置 2 h 后，开始升温养护。楼梯混凝土的蒸养，按照相关技术规范及要求进行。

8. 拆模、吊运

拆模顺序是先松开预埋件螺栓的紧固螺丝，再解除两块侧模之间的拉杆连接，然后再横移滑出一侧的模板，用撬棍轻轻移动楼梯构件，穿入吊钩后慢慢起吊，桁吊吊运楼梯构件至车间内临时堆放场地，进行检查清洗打号，见图 4-29。

图 4-29　拆模、吊运

## 二、楼梯卧式预制生产工艺

卧式楼梯的生产与立式楼梯的预制生产工艺除组模以外，其他过程基本一致，就是抹面收光的工作量大，见图 4-30。

图 4-30　卧式生产工艺脱模

卧式楼梯模具的组模，先安放底模（锯齿状模板），再安装两侧的侧模和端模，然后用螺栓紧固，拆模则相反。

## 思考题

1. 简述构件生产工艺主要流程。
2. 预制构件的成型常用的振捣方法有哪些？
3. 墙板生产工艺有几类？
4. 三明治外墙的方式分为正打法、反打法，有何区别是什么？
5. 楼梯预制的立模浇筑法、卧模浇筑法的区别是什么？
6. 适宜以一次浇筑成型的构件包括哪些？适宜以二次浇筑成型的构件包括哪些？
7. 一次成型工艺主要由哪些工序组成？
8. 构件蒸汽养护时间和温度如何控制？
9. 构件脱模强度和吊具有何要求？
10. 混凝土浇筑完以后，对压光的次数和时间有何要求？

# 第五章　构件存放及运输

预制构件通常在工厂内预制完成，然后存放至堆场或运输至施工现场安装。若存放及运输环节构件发生损坏将对质量、进度、成本和安全管理造成不良影响，因此合理存放构件并安全保质地运输到施工现场是一道至关重要的环节。构件存放包括车间构件存放区和车间外（堆场）存放区，而构件运输包括厂内转运和场外运输。

## 第一节　预制构件预制厂内转运

预制构件预制厂内转运是指预制构件从生产车间运至堆场存放的过程。

### 一、构件场内运输流程

构件预制厂内转运工作流程：运输方法选择→配备机具、运输车辆→清点需转运构件并检查→填写构件转运记录单→转运→堆场存放→构件转运记录单存档。

### 二、构件场内运输方式

PC 构件脱模后，需运到质检修补区进行质检、修补或表面处理，之后再运到堆放区。PC 厂内运输方式是由工厂工艺设计确定的。车间起重机范围内的短距离运输，可用起重机直接运输。车间起重机与室外龙门式起重机可以衔接时，用起重机运输。厂内运输目的地在车间航式起重机范围外或运输距离较长，或车间起重机与室外航式起重机作业范围不对接时，可用短途摆渡车运输。短途摆渡车可以是轨道拖车（图 5-1），也可以是拖挂汽车，甚至是叉车。

图 5-1　构件场内轨道运输

### 三、构件吊运作业要点

吊运作业是指构件在车间、场地间用起重机、龙门式起重机，小型构件用叉车进行的短距离吊运。其作业要点是：

（1）吊运线路应事先设计，吊运路线应避开工人作业区域，起重机驾驶员应当参加吊运路线设计，确定后应当向驾驶员交底。

（2）吊索吊具与构件要拧固结实。

（3）吊运速度应当控制，避免构件大幅度摆动。

（4）吊运路线下禁止工人作业。

（5）吊运高度要高于设备和人员。

（6）吊运过程中要有指挥人员。

（7）航式起重机要打开警报器。

### 四、摆渡车运输

摆渡车运输的要求为：

（1）各种构件摆渡车运输都要事先设计装车方案。

（2）按照设计要求的支撑位置加垫方或垫块，垫方和垫块的材质符合设计要求。

（3）构件在摆渡车上要有防止滑动、倾倒的临时固定措施。

（4）根据车辆载重量计算运输构件的数量。

（5）对构件棱角进行保护。

（6）墙板在靠放架上运输时，靠放架与摆渡车之间应当用封车带绑牢固。

## 第二节　构件存放

在预制构件生产中，预制构件品种多、数量大，无论在生产车间还是在露天堆场都要占用较大场地面积，因此合理有序地对构件进行分类堆放，对于减少构件堆场使用面积、加强成品保护、保障施工进度、构建文明生产环境均具有重要意义。预制构件的堆放方式应按规范要求，以确保预制构件在存放过程中不受破坏。目前，国内的预制混凝土构件的主要储存方式有车间内专用储存架存放或平层叠放，室外专用储存架存放、平层叠放或散放。

### 一、车间内临时存放

车间质检修补存放区主要存放出窑后需要检查、修复和临时存放的构件。特别是蒸养构件出窑后，应静止一段时间后，方可转移到室外堆放。车间内构件临时存放区与生产区之间要画出并标明明显的分隔界线。

（1）车间质检修补存放区内根据立式、平式存放构件，划分出不同的存放区域。存放区内设置构件存放专用支架、专用托架。

（2）质检修补区应光线明亮，北方冬季应布置在车间内。

（3）水平放置的构件如楼板、柱子、梁、阳台板等应放在架子上进行质量检查和修补，以便看到底面。装饰一体化墙板应检查浇筑面后翻转 180°，使装饰面朝上进行检查、修补。

（4）立式存放的墙板应在靠放架上检查。

（5）PC 构件经检查修补或表面处理完成后才能码梁堆放或集中立式堆放。

（6）套筒、浆锚孔、莲藕梁钢筋孔宜模拟现场检查区，即按照图样下部构件伸出钢筋的实际情况，用钢板和钢筋焊成检查模板，固定在地面上，吊起构件套入。如果套入顺畅，表明没有问题；如果套不进去，则应进行分析处理，并检查整改模具固定套筒与孔内模的装置。

（7）检查修补架的要求：结实牢固且满足支撑构件的要求，架子隔垫位置应当按照设计要求布置，垫方上应铺设保护橡胶垫。

（8）质检修补区设置在室外，宜搭设遮阳遮雨临时设施。

（9）质检修补区的面积和架子数量根据质检量和修补比例、修补时间确定，应事先规划好。

## 二、车间外（堆场）存放

预制构件在发货前一般堆放在露天堆场内。在车间内检查合格，并静止一段时间后，用专用构件转运车和随车起重运输车、改装的平板车运至室外堆场分类进行存放。

### （一）构件堆场基本要求

（1）预制构件的存放场地宜为混凝土硬化地面或经人工处理的地坪，除应满足平整度和承载力要求外，还应有排水措施。

（2）预制构件堆放场地应尽可能设置在吊机的辐射半径内，尽量避免二次转运。场地大小应根据产能、构件数量、尺寸及安装计划综合确定。

（3）预制构件堆放时应使构件与地面之间留有一定空隙，避免与地面直接接触，构件须两端放置于方木或软性材料上（如塑料垫片），构件堆放的支垫除应坚实牢靠外，还应有防止构件污染的措施。

（4）预制构件应按规格型号、出厂日期、使用部位、吊装顺序分类存放，使编号清晰。不同类型构件之间应留有不少于 0.7 m 的人行通道。

（5）露天堆放时，预制构件的预埋铁件应有防锈措施。预制构件易积水的预留、预埋孔洞等处应采取封堵措施。

（6）预制构件应采用合理的防潮、防雨、防边角损伤措施，堆放边角处应设置明显的警示隔离标志，防止车辆或机械设备碰撞。

### （二）预制构件存放的注意事项

存放前应先对构件进行清理。构件清理标准为套筒、埋件内无残余混凝土，粗糙面分明，光面上无污渍，挤塑板表面清洁，等。套筒内如有残余混凝土，应及时清理。埋件内如有混凝土残留现象，应用与埋件匹配型号的丝锥进行清理，操作丝锥时需要注意不能一直向里拧，要遵循“进两圈回一圈”的原则，避免丝锥折断在埋件内，造成麻烦。外露钢筋上如有残余混凝土需进行清理。检查是否有卡片等附件漏卸现象，如有漏卸，及时拆卸后送至相应班组。

将清理完的构件装到摆渡车上，起吊时避免构件磕碰，保证构件质量。摆渡车由专门的转运工人进行操作，操作时应注意摆渡车轨道内严禁站人，严禁人车分离操作，人与车的距离保持在 2 ~ 3 m。将构件运至堆放场地，然后指挥吊车将不同型号的构件分类码放。

预制构件应按吊装、存放的受力特征选择卡具、索具、托架等吊装和固定维稳措施。对于清水混凝土构件，要做好成品保护，可采用包裹、盖、遮等有效措施。预制构件存放处 2 m 范围内不应进行电焊、气焊作业。

## （三）构件堆放方式

构件堆放方式主要有平放和立（竖）放两种，应根据构件的刚度及受力情况选择。选择构件堆放方式时，首先保证构件的结构安全，其次考虑运输的方便和构件存放、吊装时的便捷。通常情况下，梁、柱等细长构件宜水平堆放，且不少于两条垫木支撑；墙板宜采用托架立放，其上部两点支撑；叠合楼板、楼梯、阳台板等构件宜水平叠放，叠放层数应根据构件与垫木或垫块的承载力及堆垛的稳定性确定，必要时应设置防止构件倾覆的支架，一般情况下，叠放层数不宜超过 6 层。构件的最多堆放层数应按构件强度、地面耐压力、构件形状和质量等因素确定。不论采用何种堆放方式，均应保证最下层预制构件应垫实，预埋吊件宜向上，标志宜朝外，成品应按合格、待修和不合格区分类堆放，并应进行标识。构件底部应放置两根通长方木，以防止构件与硬化地面接触造成构件缺棱掉角。同时两个相邻构件之间也应设置木方，防止构件起吊时对相邻构件造成损坏。

### 1. 平放时的注意事项

（1）对于宽度不大于 500 mm 的构件，宜采用通长垫木；宽度大于 500 mm 的构件，可采用不通长垫木。

（2）垫木或垫块在构件下的位置宜与脱模、吊装时的起吊位置一致。重叠堆放构件时，每层构件间的垫木或垫块应在同一垂直线上；堆垛层数应根据构件与垫木或垫块的承载能力及堆垛的稳定性确定，见图 5-2 ~ 图 5-4。

（3）构件平放时应使吊环向上，标志向外，便于查找及吊运。

### 2. 竖放时的注意事项

（1）竖放可分为插放和靠放两种方式。插放时场地必须清理干净，插放架必须牢固，垂直落地；靠放时应有牢固的靠放架，必须对称靠放和吊运，其倾斜角度应保持大于 80°，板的上部应用垫块隔开，见图 5-5 ~ 图 5-7。

（2）构件的断面高宽比大于 2.5 时，堆放时下部应加支撑或有坚固的堆放架，上部应拉牢，避免倾倒。

（3）堆放场地应设置为粗糙面，以防止脚手架滑动。

（4）柱和梁等立体构件要根据各自的形状和配筋选择合适的储存方法。

图 5-2　叠合楼板堆放

图 5-3　预制楼梯堆放

图 5-4　叠合梁堆放

图 5-5　墙板插放架堆放

图 5-6　墙体移动式插放架堆放

图 5-7　墙体靠放架堆放

### 3. 垫方与垫块要求

预制构件常用的支垫为木方、木板和混凝土垫块。

（1）木方一般用于柱、梁构件，规格为 100 mm×100 mm ~ 300 mm×300 mm，根据构件质量选用。

（2）木板一般用于叠合楼板，板厚为 20 mm，板宽为 150 ~ 200 mm。

（3）混凝土垫块用于楼板、墙板等板式构件，为 100 mm 或 150 mm 的立方体。

（4）隔垫软垫，或橡胶或硅胶或塑料材质，用在垫方与垫块上面，为 100 mm 或 150 mm 的立方体。与装饰面层接触的软垫应使用白色，以防止污染。

# 第三节　构件运输

## 一、预制构件的运输准备

预制混凝土构件如果在存储、运输、吊装等环节发生损坏将会很难补修，既耽误工期又造成经济损失。因此，大型预制混凝土构件的存储工具与物流组织非常重要。构件运输的准备工作主要包括：制订运输方案、设计并制作运输架、验算构件强度、清查构件及察看运输路线、运输车辆组织。

### 1. 制订运输方案

预制构件的运输应制订运输计划及方案，包括运输时间、次序、堆放场地、运输线路、固定要求、堆放支垫及成品保护措施等内容。对于超高、超宽、形状特殊的大型构件的运输和堆放应采取专门质量安全保证措施。

制订运输路线时，先在地图上进行运输线路的模拟规划，再派车辆沿规划路线，逐条进行实地勘察验证。对每条运输路线所经过的桥梁、涵洞、隧道等结构物的限高、限宽等要求，进行详细调查记录，要确保构件运输车辆无障碍通过。最后合理制订 2 ~ 3 条线路，构件运输车选择其中的一条作为常用的运输路线，其余的 1 ~ 2 条可作为备用方案。

### 2. 设计并制作运输架

构件运输过程中需要用到各种专用运输架，比如插放架、靠放架、托架。运输架应根据构件的质量和外形尺寸进行设计制作，且尽量考虑通用性。

### 3. 验算构件强度

对钢筋混凝土屋架和钢筋混凝土柱子等构件，根据运输方案所确定的条件，验算构件在最不利截面处的抗裂度，避免在运输中出现裂缝。如有出现裂缝的可能，应进行加固处理。预制构件的运输要待混凝土强度达到 100%后才进行起吊；预应力构件当无设计要求时，出厂时的混凝土强度不应低于混凝土立方体抗压强度设计值的 75%。

### 4. 清查构件

清查构件的型号、质量和数量，有无加盖合格印和出厂合格证书等。

### 5. 踏勘运输路线

在运输前再次对路线进行勘查，对于沿途可能经过的桥梁、桥洞、电缆、车道的承载能力，通行高度、宽度、弯度和坡度，沿途上空有无障碍物等实地考察并记载。制订最佳顺畅的路线，需要实地现场的考察，如果凭经验和询问很有可能发生许多意料之外的事情，有时甚至需要交通部门的配合等，因此这点不容忽视。在制订方案时，每处需要注意的地方需要注明。如不能满足车辆顺利通行，应及时采取措施。此外，应注意沿途是否横穿铁道，如有应查清火车通过道口的时间，以免发生交通事故。

6. 车辆组织

大量的PC构件可借用社会物流运输力量，以招标的形式、确定构件运输车队。少量的构件，可自行组织车辆运输。发货前，应对承运单位的技术力量和车辆、机具进行审验，并报请交通主管部门批准，必要时要组织模拟运输。在运输过程中要对预制构件进行规范的保护，最大限度地消除和避免构件在运输过程中的污染和损坏，做好构件成品的防碰撞措施，采用木方支垫、包装板围裹进行保护。

## 二、装车基本要求

（1）凡需现场拼装的构件应尽量将构件成套装车或按安装顺序装车运至现场。

（2）构件起吊时应拆除与相邻构件的连接，并将相邻构件支撑牢固。

（3）对大型构件，宜采用龙门吊或桁车吊运。当构件采用龙门吊装车时，起吊前吊装工须检查吊钩是否挂好，构件中螺丝是否拆除等，避免影响构件的起吊安全。

（4）构件从成品堆放区吊出前，应根据设计要求或强度验算结果，在运输车辆上支设好运输架。

（5）外墙板采用竖直立放运输为宜，支架应与车身连接牢固，墙板饰面层应朝外，构件与支架应连接牢固。

（6）楼梯、阳台、预制楼板、短柱、预制梁等小型构件以水平运输为主，装车时支点搁置要正确，位置和数量应按设计要求进行。

（7）构件起吊运输或卸车堆放时，吊点的设置和起吊方法应按设计要求和施工方案确定。

（8)运输构件的搁置点:一般等截面构件在长度1/5处,板的搁置点在距端部200 ~ 300 mm处。其他构件视受力情况确定，搁置点宜靠近节点处。

（9）构件装车时应轻吊轻落、左右对称放置在车上，保持车上荷载分布均匀；卸车时按后装先卸的顺序进行，保持车身和构件稳定。构件装车编排应尽量将质量大的构件放在运输车辆前端或中央部位，质量小的构件则放在运输车辆的两侧。应尽量降低构件重心，确保运输车辆平稳，行驶安全。

（10）采用叠放方式运输时，构件之间应放有垫木，并在同一条垂直线上，且厚度相等。有吊环的构件叠放时，垫木的厚度应高于吊环的高度，且支点的垫木应上下对齐，并应与车身绑扎牢固。

（11）构件与车身、构件与构件之间应设有毛毡、板条、草袋等隔离体，避免运输时构件滑动、碰撞。

（12）预制构件固定在装车架上以后，需用专用帆布带、夹具或斜撑夹紧固定。

（13）构件抗弯能力较差时，应设抗弯拉索，拉索和捆扎点应计算确定。

## 三、构件运输

### （一）运输方式选择

1. 立式运输

在低盘平板车上根据专用运输架情况，墙板对称靠放或者插放在运输架上，这种方式适用于运输内、外墙板和 PCF 板等竖向构件。

2. 平层叠放运输

将预制构件平放在运输车上，叠放在一起进行运输，这种方式适用于运输立放有危险，且叠放容易堆码整齐的构件（阳台板、楼梯等）。

3. 多层叠放运输

平层叠放标准为 6 层/叠，不影响质量安全时可到 8 层，堆码时按产品的尺寸大小堆叠。

预应力板：堆码 8～10 层/叠；叠合梁：2～3 层/叠（最上层的高度不能超过挡边一层），考虑是否有加强筋向梁下端弯曲。这种方式适用于运输构件质量不大、面积不大的构件（叠合板、装饰板等）。

除此之外，对于一些小型构件和异型构件，多采用散装方式进行运输。

### （二）构件的运输方式示例

1. 叠合板运输

（1）同条件养护的叠合板混凝土立方体抗压强度达到设计要求时，方可脱模、吊装、运输及堆放。

（2）叠合板吊装时应慢起慢落，避免与其他物体相撞。应保证起重设备的吊钩位置、吊具及构件重心在垂直方向上重合，吊索与构件水平夹角不宜大于 60°，不应小于 45°。当采用六点吊装时，应采用专用吊具，吊具应具有足够的承载能力和刚度。

（3）预制叠合板采用叠层平放的运输方式（图 5-8），叠合板之间应用垫木隔离，垫木应上下对齐，垫木尺寸（长、宽、高）不宜小于 100 mm。

（4）叠合板两端（至板端 200 mm）及跨中位置均设置垫木且间距不大于 1.6 m。

（5）叠合板不同板号应分别码放，码放高度不宜大于 6 层。

（6）叠合板支点处应绑扎牢固，防止构件移动或跳动，底板边部或与绳索接触处的混凝土，采用衬垫加以保护。

2. 预制墙板运输

对于内、外墙板和 PCF 板等竖向构件多采用立式运输方案，竖向或复杂形状的墙板宜采用插放架，运输竖向薄壁构件、复合保温构件时应根据需要设置靠放架（图 5-9、图 5-10）。采用插放架直立运输时，应采取防止构件倾倒的措施，构件之间应设置隔离垫块，墙板应外饰面朝外，在构件边角或与锁链、钢丝绳接触部位采用定型保护垫块或柔性垫衬材料保护以免造成棱角缺损；外立面异型外墙板优先采用靠放架直立运输，构件与地面倾斜角度宜大于80°，构件应对称靠放，每侧不大于2层，构件层间上部采用柔性材料垫衬隔离，构件与运输架接触部位也应采用柔性材料垫衬。

装车时应先装车头部位的堆放架，再装车尾部位的堆放架，堆放架布置成人字形两侧对称，每架可叠放2～4块，墙板与墙板之间须用泡沫板隔离，以防墙板在运输途中因震动而受损。

3. 预制楼梯运输

（1）预制楼梯采用叠合平放方式运输（图5-11），预制楼梯之间用垫木隔离，垫木应上下对齐，垫木尺寸（长、宽、高）不宜小于100 mm，最下面一根垫木应通长设置。

（2）不同型号的预制楼梯应分别码放，码放高度不宜超过5层。

（3）预制楼梯间应绑扎牢固，防止构件移动，楼梯边部或与绳索接触处的混凝土，采用衬垫加以保护。

图5-8　叠合板运输

图5-9　墙板靠放架直立运输

图5-10　墙板插放架直立运输

图5-11　预制楼梯运输

4. 预制阳台板运输

（1）预制阳台板运输时，底部采用木方作为支撑物，支撑应牢固，不得松动。

（2）预制阳台板封边高度为800 mm、1200 mm时，宜采用单层放置。

（3）预制阳台板运输时，应采取防止构件损坏的措施，防止构件移动、倾倒、变形等。

叠合楼板、预制楼梯、预制阳台板、叠合梁也可采用专用托架平放运输，托架应有足够刚度，并与车身连接牢固。叠合楼板叠放不宜超过 6 层，预制楼梯叠放不宜超过 2 层，预制阳台板、叠合梁叠放不宜超过 3 层。预制构件叠放时根据构件的受力情况选择支垫位置，层与层之间应垫平垫实，各层支垫处应上下对齐，最下面一层支垫应通长设置。

### （三）运输安全

构件运输时不能急刹车，运输轨道应在水平方向无障碍物，运输车速平稳缓慢，不能使成品处于颠簸状态，一旦损坏必须返修。运输车速一般不应超过 60 km/h，转弯时应低于 40 km/h。大型预制构件采用平板拖车运输时，速度宜控制在 5 km/h 以内。

简支梁的运输，除在横向加斜撑防倾覆外，平板车上的搁置点必须设有转盘；运输超高、超宽、超长构件时，必须向有关部门申报，经批准后，在指定路线上行驶。牵引车上应悬挂安全标志。超高的部件应有专人照看，并配备适当工具，保证在有障碍物情况下安全通过；平板拖车运输构件时，除一名驾驶员主驾外，还应指派一名助手，协助观望，及时反映安全情况和处理安全事宜。平板拖车上不得坐人；重车下坡应缓慢行驶，并应避免紧急刹车。

驶至转弯或险要地段时，应降低车速，同时注意两侧行人和障碍物；在雨、雪、雾天通过陡坡时，必须提前采取有效措施；装卸车应选择平坦、坚实的路面为装卸地点。

装卸车时，机车、平板车均应刹闸。

## 四、构件运输应急预案

应针对构件运输时可能出现的突发事件，制订构件运输应急预案。

#### 1. 应急预案制订原则

坚持科学规划、全面防范、快速反应、统一指挥的原则。

应急预案制订应贯彻“安全第一、预防为主、综合治理”的工作方针，妥善处理道路运输安全生产环节中的事故及险情，做好道路运输安全生产工作。

建立健全重大道路运输事故应急处置机制，一旦发生重大道路运输事故，要快速反应，全力抢救，妥善处理，最大限度地减少人员伤亡和财产损失。

#### 2. 使用范围及工作目标

预案应适用于重大道路运输事故、突发道路运输事故、雨雪冰冻灾害以及汛期暴雨天气等情况。

（1）以人为本，减少损失。在处置道路运输事故时，坚持以人为本，把保护人民群众生命、财产安全放在首位，把事故损失降到最低限度。

（2）预防为主，常备不懈。坚持事故处置与预防工作相结合，落实预防道路运输事故的各项措施，坚持科学规划、全面防范。

（3）快速反应，处置得当。建立应对道路运输事故的快速反应机制，快速得当处置。

3. 应急预案领导小组

（1）领导小组。成立构件运输应急救援领导小组，具体负责组织实施应急救援工作。按照“统一指挥、分级负责”的原则，明确职责与任务。根据实际情况可以设 1 名组长、2 名副组长、若干名组员。

（2）工作职责。领导小组统一领导构件运输中的道路运输事故应急救援处置工作，负责制订道路运输事故应急救援预案，负责参加道路运输事故抢救和调查，负责评估应急救援行动及应急预案的有效性，负责落实及贯彻上级及交通主管部门的应急救援事项。

## 思考题

1. 简述构件运输时强度的规定。
2. 简述预制构件预制厂内转运工作流程。
3. 简述预制构件堆场基本要求。
4. 简述不同构件堆放方式。
5. 平放、竖放时的注意事项有哪些？
6. 预制构件主要运输方式有哪几种？
7. 简述叠合板、墙板运输过程中的装卸、堆放和安全防护。
8. 如何保证构件运输过程的安全？
9. 构件运输方案包括哪些内容？

# 第六章　预制构件生产质量管理

构件生产过程中的质量控制是指在预制构件生产过程中，承建方与参与方的责任主体共同按照质量管理体系、设计图纸、国家规范等要求，对构件生产制作完成等全程进行质量监督与控制的行为。预制构件预制厂应建立全面完善的质量管理体系和试验检测手段，并应建立相应的企业标准；加强内部生产管理，强化过程管理，严控构件质量。施工总包单位和监理公司应驻厂监造，对预制构件企业质量管理体系是否完善和健康运行进行检查，对生产预制构件的原材料、配件、混凝土制作成型过程、成品实物质量及相关质量控制资料进行检查。构件制作过程中的质量控制主要包括模具的检查与验收、钢筋笼的检查与验收、混凝土浇筑过程中的检查、混凝土浇筑完成后达到拆模条件后的表面观感质量检查与验收等几大环节。

## 第一节　构件生产质量管理概述

### 一、构件生产质量的影响因素

构件生产过程是由一道道工序组成的，每一道工序的质量，必须满足下道工序相应要求的质量标准，工序质量决定了构件产品质量。构件生产质量的全面控制，应重点控制工序质量，对影响工序质量的人、机械、材料、方法和环境因素（4M1E）进行控制，以便及时发现问题，查明原因，采取措施。

1. 以人的工作质量确保工程质量

在大力推进装配式建筑的进程中，管理人员、技术人员和产业工人的缺乏是非常重要的制约因素，甚至成为装配式建筑推进过程中的瓶颈问题。这不但会影响预制构件的质量，还会对生产效率、构件成本等方面产生较大的影响。

预制构件生产除了需要大量的场地、厂房和工艺设备投入外，还要拥有相对稳定的熟练产业工人队伍，各工序和操作环节之间相互配合才能达成默契，减少各种错漏碰缺现象的发生，以保证生产的连续性和质量稳定性。只有经过人才和技术的沉淀，才能不断提升预制构件质量和经济效益。

预制构件的生产过程，与传统现浇施工相比，需要掌握新技术、新材料、新产品、新工艺，进行生产工艺研究，并对工人进行必要的培训，还需协调外部力量参与生产质量管理。可以聘请外部专家和邀请供应商技术人员讲解相关知识，提高技术认识。除此之外，还需要加强劳动纪律教育、职业道德教育，落实岗位责任制，这是确保构件生产质量的关键。

## 2. 严格控制投入材料的质量

原材料质量决定构件质量，原材料不合格肯定会造成产品质量缺陷，但在原材料采购环节，有一些企业缺乏经验，简单地进行价格比较，不能有效把控质量。一些承重和受力的配件如果存在质量缺陷，将有可能导致在起吊运输环节产生安全问题，或者砂石原材料质量差，出问题后代价会很大。这些问题的出现并不是签订一个严格的合同条款，把责任简单地转嫁给供应商就可以解决的。

材料的控制，主要是严格检查验收控制，正确合理地使用，建立管理台账，进行收、发、储、运等各环节的技术管理，避免将不合格的材料使用到生产上。为此，对投入物品的订货、采购、检查、验收、取样、试验均应进行全面控制，从组织货源、优选供货厂家直到使用认证，做到层层把关。

## 3. 机械控制

预制构件作为组成建筑的主要半成品，质量和精度要求远高于传统现浇施工，高精度的构件质量需要优良的模具和设备来制造，这是保证构件质量的前提条件。模具的好坏影响着构件质量，判断预制构件模具好坏的标准包括：精度好、刚度大、质量轻、方便拆装以及售后服务好。但在实际采购过程中，往往考虑成本因素，采用最低价中标，用最差最笨重的模具与设计合理、质量优良的模具进行价格比较，最终选用廉价的模具造成生产效率低、构件质量差等一系列问题，此外还存在拖欠供应商的货款导致服务跟不上等问题。

机械控制包括施工机械设备、工具等的控制，要根据不同工艺特点和技术要求，选用匹配的合格机械设备。确保工程质量关键是正确使用、管理和保养好机械设备。为此，要健全“人机固定”制度、“操作证”制度、岗位责任制度、交接班制度、“技术保养”制度、“安全使用”制度、机械设备检查制度等，确保机械设备处于最佳使用状态。

## 4. 生产方法控制

这里所说的生产方法控制，包含生产组织设计、生产工艺等的控制，这是构成工程质量的基础。制作预制构件的工艺方法有很多，同样的预制构件，在不同的预制构件预制厂可能会采用不同的生产制作方法，不同的工艺做法可能导致不同的质量水平，生产效率也大相径庭。

以预制外墙为例，多数预制构件预制厂是采用卧式反打生产工艺，也就是室外的一侧贴着模板，室内一侧采用靠人工抹平的工艺方法，这样制作的构件外面平整光滑，但是内侧的预埋件很多时就会影响生产效率，例如预埋螺栓、插座盒、套筒灌浆孔等会影响抹面操作，导致观感质量下降；如果采用正打工艺，把室内一侧朝下，用磁性固定装置把内侧埋件吸附在模台上，室外一侧基本没有预埋件，抹面找平时就很容易操作，甚至可以采用抹平机，这样生产出来的构件内外两侧都会很平整，并且生产效率高。

预制构件预制厂应该配备相应的工艺工程师，对各种构件的生产方法进行研究和优化，为生产配备相应的设施和工具，简化工序、降低工人的劳动强度。总体来说，越简单的操作质量越有保证，越复杂的技术越难以掌握、质量越难保证。

## 5. 环境控制

影响施工项目质量的环境因素较多，有：工程管理环境，如质量保证体系、质量管理制度等；劳动环境，如劳动组合、作业场所、工作面等。环境因素对质量的影响，具有复杂而多变的特点，如气象条件就变化万千，温度、湿度都直接影响工程质量；前一工序往往就是后一工序的环境，前一分项、分部工程也就是后一分项、分部工程的环境。因此，应根据工程特点和具体条件，对影响质量的环境因素采取有效的措施严加控制，尤其是生产现场，应建立文明生产的环境，保持预制构件部品有足够的堆放场地，其他材料工件堆放有序，道路通畅，工作场所清洁整齐，生产程序井井有条，为确保质量、安全创造良好条件。

## 二、构件生产质量控制基本原理

### 1. PDCA 循环原理

PDCA 循环原理是项目目标控制的基本方法，也同样适用于构件生产质量控制。实施 PDCA 质量控制循环原理时，把质量控制全过程划分为计划 P（Plan）、执行 D（Do）、检查 C（Check）、处理 A（Action）四个阶段（图 6-1）。

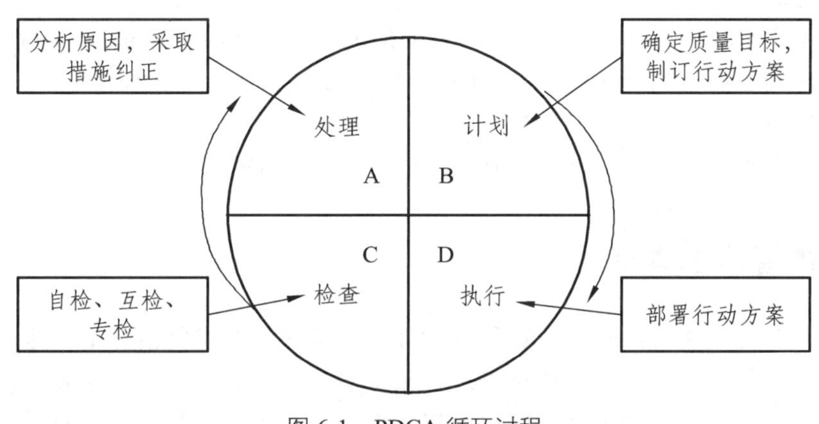


图 6-1　PDCA 循环过程

### 2. 三阶段控制原理

三阶段控制包括：事前控制、事中控制和事后控制。这三阶段控制构成了质量控制的系统控制过程。三大环节之间构成有机的系统过程，实质上也就是 PDCA 循环具体化，并在每一次滚动循环中不断提高，达到质量管理或质量控制的持续改进。

（1）事前质量控制。

事前质量控制即在构件正式生产前进行的事前主动质量控制，亦即通过编制生产质量管理计划，明确质量目标，制订生产方案，做好各项生产准备工作，落实技术交底，设置质量管理点，落实质量责任，分析可能导致质量目标偏离的各种影响因素，针对这些影响因素制定有效的预防措施，防患于未然。

（2）事中质量控制。

事中质量控制指在施工质量形成过程中，对影响构件生产质量的各种因素进行全面的动态控制。事中控制首先是对质量活动的行为约束，其次是对质量活动过程和结果的监督控制。事中控制的关键是坚持质量标准，重点是工序质量、工作质量和质量控制点的控制。在构件质量管理过程中，要以生产中的构件成型、检验、堆放、运输等一系列过程为主线，提高工人的技术水平，配备相应的设备及工装，强调对各工序的验收，在生产过程中严格遵循装配式混凝土建筑技术标准等相关标准，保证最终构件成品的质量。

（3）事后质量控制。

事后质量控制也称为事后质量把关，以使不合格的工序或最终产品（单位工程或整个工程项目）不流入下道工序、不进入市场。事后控制包括对质量活动结果的评价、认定和对质量偏差的纠正。控制的重点是发现生产质量方面的缺陷，并通过分析提出施工质量改进的措施，保持质量处于受控状态。

### 3. 全面质量管理

全面质量管理是指生产企业的质量管理应该是全面、全过程和全员参与的，此原理对装配式建筑项目管理以及质量控制，同样具有理论和实践的指导意义。

（1）全面质量管理，是指对工程（产品）质量和工作质量以及人的质量的全面控制。工作质量是产品质量的保证，工作质量直接影响产品质量的形成，而人的质量直接影响工作质量的形成。因此提高人的质量（素质）是关键。

（2）全过程质量管理，是指根据工程质量的形成规律，从源头抓起，全过程推进。

（3）全员参与管理。从全面质量管理的观点看，无论是构件生产企业内部的管理者还是作业者，每个岗位都承担着相应的质量职能，一旦确定了质量方针目标，就应组织和动员全体员工参与到实施质量方针的系统活动中去，发挥自己的角色作用。

## 三、质量管理基本措施

在当前国家装配式建筑尚未出台对预制构件预制厂具体要求的情况下，除了预制构件预制厂内部加强生产管理，严控构件质量以外，施工总包单位和监理公司应驻厂监造，对预制构件企业质量管理体系是否完善和健康运行进行检查，对生产预制构件的原材料、配件、混凝土制作成型过程、成品实物质量及相关质量控制资料进行检查。预制构件生产质量管理重点加强材料管理、生产管理、质量检查与验收、资料备案管理、驻厂监造等五个方面的管理。

### 1. 建立完善的质量管理体系

预制构件制作单位应建立全面完善的质量管理体系、安全保证体系和试验检测手段，并应建立相应企业标准。因此，要求构件生产企业具备相应的生产资质及构件生产的硬件设施，同时具备熟练的技术工人以及相应的试验检测手段。

### 2. 构件生产准备

构件生产前制订相应的生产计划，编制管理等相关技术方案和具体保证措施；设立专门质量控制机构，配置专职质量管理人员，建立健全质量管理制度；做好生产前的各项准备工作，保证项目实施阶段顺利进行。

### 3. 构件生产过程质量控制与管理

构件生产过程中加强对生产全程各工序的控制，即对钢筋加工、混凝土质量、模板组装和维护、混凝土振捣、修补、起吊、码放、运输等进行控制；重点进行模具、钢筋、混凝土、预制构件等四个项目的检验。检验时对新制作或改制后的模具、钢筋成品和预制构件应按件检验；对原材料、预埋件、钢筋半成品、重复使用的定型模具等应分批随机抽样检验；对混凝土拌合物工作性及强度应按批检验。

4. 三级检查制度

根据项目特点建立质量控制方案，做好构件隐蔽工程质量检查工作，对于项目首件严格执行“三级检查制度”，实施班组自检—施工员检验—质检员检验，模板和成品应保证水平度、垂直度、平整度、几何尺寸的偏差在允许范围内。施工中发现质量问题时，应做到“四不放过”，即不查清责任（原因）不放过、对责任者不处理不放过、员工及本人未受到教育不放过、未采取预防纠正措施不放过。

5. 首件验收

各个类型构件生产出的第一件构件，应当做首件验收工作。首件验收可分为厂内首件验收与厂外首件验收。厂内构件验收即构件预制厂内部对生产的第一件构件进行验收，从技术质量角度有一个判定，如存在问题，应及时总结，后续生产当中避免问题再次发生。如果检查判定合格，还应当通知建设单位，由建设单位组织相关总包、监理、设计单位，对首件进行验收，当五方均认定合格后，构件方可批量生产。

厂外首件验收，应在五方检验合格后，填写验收记录表。允许构件进行批量首件验收是一个重要的程序，它是构件在整个生产过程中的工艺、产品质量的最终体现。

6. 驻厂监理工程师检查与验收

工程开始前，应根据地方法律法规的要求，编制预制构件生产方案，明确技术质量保证措施，并经企业技术负责人审批后实施，最终提交监理单位进行审核同意。

进厂的原材应有 30%经监理见证检查进行复试，复试合格后的原材方可用于构件生产。

生产过程中，监理对全过程进行监督检查。对于隐蔽环节，由监理签字确认后，方可进行混凝土浇筑。

成品构件验收合格后，应对检查合格的预制混凝土构件进行标识，标识内容包括工程名称、构件型号、生产日期、生产单位、合格标志、监理签章等，标识不全的构件不得出厂。其中监理签章由驻厂监理确认后，在构件表面加盖签章标识。

7. 构件出厂检验

构件出厂前应检查构件外观是否有损坏，构件标识是否清晰，监理是否进行签章确认。

构件出厂时应检查运输车辆上的构件与构件的运输票据是否一致，运输票据应包括构件的型号、数量、生产日期、所运构件的使用工程及部位、运输车辆的车牌号以及运输构件的外观是否存在损坏等。

构件出厂时还应检查相应构件合格证及强度报告单。一般合格证分为临时合格证和正式合格证。当构件强度 28 d 评定标准未到，不能提供标养强度的时候，先行使用临时合格证；当构件达到 28 d 时，再行交付正式合格证。开具临时合格证时，应保证构件强度可以达到 100%

设计强度值。

8. 质量验收管理

预制工厂质量验收管理要点为：

（1）模具加工或采购：进场检验。

（2）钢筋加工：原材料质量及加工过程质量检验。

（3）预埋件及配件的加工或采购：进场检验。

（4）混凝土制备：混凝土配合比、进场工作性检验。

（5）钢筋及预埋件安装固定：隐蔽工程检验。

（6）混凝土浇筑成型：操作质量检查。

（7）混凝土养护：养护制度检查。

（8）构件脱模起吊：混凝土同条件强度检查。

（9）质量检验：构件成品验收。

（10）构件存放：存放方案及实施检查。

（11）构件运输：运输方案审核。

## 第二节　预制构件生产质量管理

预制构件包括构件预制厂内的单体产品生产和工地现场装配两个大的环节。构件单体的材料、尺寸误差以及装配后的连接质量、尺寸偏差等在很大程度上决定了实际结构能否实现设计意图，因此预制构件质量控制问题尤为重要。

### 一、预制构件生产质量管理保障

构件生产企业应具备保证产品质量要求的生产工艺设施、试验检测条件，建立完善的质量管理体系和制度，配备专门的质量管理人员，加强质量管理培训，实施全面质量管理。应对所有的技术人员、管理人员、操作工人进行质量管理培训，明确每个岗位的质量责任，在生产过程中严格执行工序之间的交接检查，由下道工序对上道工序的质量进行检查验收，形成全员参与质量管理的氛围。

（1）具备规定资质，根据住房和城乡建设部最新要求，预制构件生产企业应有预拌混凝土生产资质。

（2）具备必要的生产工艺、生产设备和检测设备。

（3）具备必要的原材料和成品堆放场地，成品保护措施。

（4）建立符合预制构件生产管理的质量保证体系。

（5）预制构件生产前，编制构件生产制作方案，落实技术交底制度。

（6）建立原材料和产品质量检测检验制度与计划。

（7）建立混凝土制备质量管理制度及检验制度。

（8）预制构件制作质量控制资料收集整理情况。

## 二、预制构件生产过程质量控制

### （一）原材料质量检验

为从源头上控制产品质量，确保预制构件质量符合规定要求，生产前应对与预制构件密切相关的原材料及配件按照国家现行有关标准、设计文件及合同约定进行进厂检验。预制构件生产所用的混凝土、钢筋、套筒、灌浆料、保温材料、拉结件、预埋件等应符合现行国家相关标准的规定，并应进行进厂检验，经检测合格后方可使用。预制构件采用的钢筋规格、型号、力学性能和钢筋的加工、连接、安装以及门窗框预埋等应符合现行国家标准的规定。混凝土的各项力学性能指标、钢材的各项力学性能指标、灌浆套筒的性能、聚苯板的性能指标等都应符合相应标准的规定。原材料可以分为以下四类：

1. 结构主材

所有预制混凝土构件的主要材料包含水泥、砂石、钢筋、外加剂等。

2. 连接材料

连接材料是预制构件连接用的材料和部件，包括套索、浆锚套筒、钢筋套筒、灌浆料、夹芯保温拉结件等。钢筋套筒灌浆连接接头技术是规程推荐采用的主要钢筋接头连接技术，也是保证各种装配式混凝土结构整体性的基础。必须制定质量控制措施，通过设计、产品选用、构件制作、施工验收等环节加强质量管理，确保其连接质量可靠。钢筋套筒连接必须执行三个标准：《钢筋套筒灌浆连接应用技术规程》JGJ 355、《钢筋连接用套筒灌浆料》JG 408、《钢筋连接用灌浆套筒》JG 398。

预制构件生产前，要求对钢筋套筒进行检验，检验内容除了外观质量、尺寸偏差、出厂提供的材质报告、接头型式检验报告等，还应按要求制作钢筋套筒灌浆连接接头试件进行验证性试验。钢筋套筒验证性试验可按随机抽样方法抽取工程使用的同牌号、同规格钢筋，并采用工程使用的灌浆料制作三个钢筋套筒灌浆连接接头试件；如采用半套筒连接方式则应制作成钢筋机械连接和套筒灌浆连接组合接头试件。标准养护 28d 后进行抗拉强度试验，试验合格后方可使用。

3. 模具材料

模具材料是指制作预制构件模具所用的材料。

4. 辅助材料

与预制构件制作密切相关的材料，包括内置螺母、预埋套筒、预埋给排水材料、保温材料、密封胶、脱模剂、预埋窗框、反打饰面材料等。

原材料的验收与送检详见本书第三章第四节原材料准备。原材料质量检查应符合表 6-1 的规定。

表 6-1　原材料品质检查内容

| 序号 | 检验内容 | 检查结果 | | 检查依据 |
|---|---|---|---|---|
| | | 是 | 否 | |
| 1 | 构件模具材质质量证明、检验报告是否具备 | | | GB/T 51231—2016 |
| 2 | 脱膜剂质量证明、检验报告是否具备 | | | |
| 3 | 钢筋品牌与合同是否相符 | | | |
| 4 | 钢筋产品合格证、检验报告是否具备（连接钢筋为热轧带肋钢筋、吊环为 HPB300） | | | |
| 5 | 预埋配件产品合格证、检验报告是否具备 | | | |
| 6 | 电气预埋配件、材料产品合格证、检验报告是否具备 | | | |
| 7 | 给排水材料产品合格证、检验报告是否具备 | | | |
| 8 | 水泥产品合格证、检验报告是否具备 | | | |
| 9 | 外加剂产品合格证、检验报告是否具备 | | | |
| 10 | 骨料含泥量检验报告是否具备 | | | |
| 11 | 饰面砖、石材产品合格证、检验报告是否具备 | | | |
| 12 | 灌浆套筒产品合格证、型式检验报告是否具备 | | | |
| 13 | 保温拉结件产品合格证、检验报告是否具备 | | | |
| 14 | 保温材料产品合格证、检验报告是否具备 | | | |
| 15 | 门窗框产品合格证、检验报告是否具备 | | | |

## （二）预制构件生产质量检验

预制构件生产过程中应根据预制构件制作生产的特点制定质量管控规程，明确质量要求和质量控制要求。上道工序质量检测和检查结果不符合标准规定、设计和合同要求时，不应进行下道工序的生产。

为确保预制构件生产制作质量，采购单位、施工单位或监理单位代表应驻厂监督生产过程并组织人员不定时对预制构件生产过程进行随机检查，地方政府或当地质监部门有预制构件制作检验相关管理规定的，应严格执行。

当具体项目预制构件生产过程无驻厂监督时，预制构件进场时应随机抽取预制构件对其主要受力钢筋数量、规格、间距、保护层厚度及混凝土强度等进行实体检验。

预制构件生产质量检验大体可以划分为三个阶段：事前隐蔽验收品质检验、事中生产过程品质检验、事后构件成型质量品质检验。具体检验表格应以项目当地工程质量检验记录表为准，无相关统一记录表的可参照表 6-6 ~ 表 6-10 制定相应的质量检验记录表。

### 1. 事前隐蔽验收品质检验

事前隐蔽验收重点检查模具组装后的尺寸及偏差，成型钢筋尺寸及偏差，预留预埋部品部件的规格、尺寸及偏差。

（1）模具的检查与验收。

模具进入预制构件预制厂投入使用的检查与验收，主要是确认模具在投入使用前是否完好，细部尺寸等是否与构件图纸所要求的尺寸吻合。模具质量检验项目见表 6-2，模具组装完成后应符合表 6-3 的规定。

表 6-2　模具质量检验项目内容与方法

| 项目 | 检查内容 | 检查数量与方法 |
|---|---|---|
| 主控项目 | 模具摆放场地应平整、坚固、无积水；<br>用作底模的台座、模台、地坪及铺设的底板等均应平整光洁，不得下沉、裂缝、起砂或起鼓；<br>模具及所用材料、配件的品种、规格等应符合设计要求 | 检查数量：全数检查<br>检验方法：观察，检查设计图纸要求 |
| | 模具的部件与部件之间应连接牢固；<br>预制构件上的预埋件应有可靠固定措施 | 检查数量：全数检查<br>检验方法：观察，摇动检查 |
| | 清水混凝土构件的模具接缝应紧密，不得漏浆、漏水 | 检查数量：全数检查<br>检验方法：观察或测量 |
| 一般项目 | 模具应连接牢固、缝隙严密，组装时应进行模具内表面清洗和涂刷水性或蜡质脱模剂，脱模剂应涂刷均匀、无堆积，且不得沾污钢筋；在浇筑混凝土前，模具内应无杂物 | 检查数量：全数检查 |

表 6-3　预制构件模具几何尺寸的允许偏差和检验方法

| 项次 | 检验项目及内容 | | 允许偏差/mm | 检验方法 |
|---|---|---|---|---|
| 1 | 长度 | ≤6 m | 1，−2 | 用钢尺量平行于构件的高度方向，取其中偏差绝对值较大值 |
| | | >6 m 且≤12 m | 2，−4 | |
| | | >12 m | 3，−5 | |
| 2 | 截面尺寸 | 墙板 | 1，−2 | 用钢尺量两端和中部，取其中偏差绝对值较大值 |
| 3 | | 其他构件 | 2，−4 | |
| 4 | 对角线差 | | 3 | 用钢尺量纵、横两个方向对角线 |
| 5 | 侧向弯曲 | | $L$/1500 且≤5 | 拉线，用钢尺量测侧向弯曲最大处 |
| 6 | 翘曲 | | $L$/1500 | 对角拉线测量交点间距离值的 2 倍 |
| 7 | 底模表面平整度 | | 2 | 用 2 m 靠尺和塞尺量 |
| 8 | 组装缝隙 | | 1 | 用塞片或塞尺量 |
| 9 | 端模与侧模高低差 | | 1 | 用钢尺量 |

注：$L$ 为模具与混凝土接触面中最长边的尺寸（mm）。

（2）钢筋的检查与验收。

钢筋的检查与验收与传统项目类似，分为钢筋的加工制作检查与验收和钢筋笼入模时的隐蔽检查与验收。需要关注的是，由于构件是预制加工完成后运至施工现场进行拼装的，所以对构件中钢筋布置的精度要求较高，此为监控中的重点。

构件浇筑前需进行隐蔽检查。预制构件的隐蔽工程验收包含：钢筋的规格、数量、位置、间距，纵向受力钢筋的连接方式、接头位置、接头质量、接头面积百分率、搭接长度等；箍筋、横向钢筋的规格、数量、位置、间距，箍筋弯钩的弯折角度及平直段长度等；预埋件、吊点、插筋的规格、数量、位置等；灌浆套筒、预留孔洞的规格、数量、位置等；钢筋的混凝土保护层厚度；夹心外墙板的保温层位置、厚度，拉结件的规格、数量、位置等；预埋管线、线盒的规格、数量、位置及固定措施。

预制构件预制厂的相应管理部门应及时对预制构件混凝土浇筑前的隐蔽分项进行自检并做好验收记录。钢筋及接头质量检验项目见表 6-4，钢筋成品质量应符合表 6-5 ~ 表 6-7 的要求。

表 6-4　钢筋及接头质量检验项目内容与方法

| 项目 | 检查内容 | 检查数量与方法 |
| --- | --- | --- |
| 主控项目 | 当采用灌浆套筒连接接头的预制构件，应按批次制作接头试件并进行抗拉强度检验，试验结果应符合《钢筋套筒灌浆连接应用技术规程》JGJ 355 第 3.2.2 条的相关规定。检验合格后该批次套筒方可用于构件制作 | 检查数量：同一批号、同一类型、同一规格的灌浆套筒，不超过 1000 个为一个检验批，每批随机抽取 3 个灌浆套筒制作对中连接接头试件。<br>检验方法：检查质量证明文件和抗拉强度检验报告 |
| | 钢筋、预应力钢筋等应按国家现行有关标准的规定进行进场检验，其力学性能和质量偏差应符合设计要求或相关标准规定 | 检查数量：按批检查。<br>检验方法：检查力学性能及质量偏差试验报告 |
| | 冷加工钢筋的抗拉强度、延伸率等物理性能必须符合现行有关规定 | 检查数量：按批检查。<br>检验方法：检查出厂合格证和进场复验报告 |
| | 预应力钢用锚具、夹具和连接器应按国家现行标准的规定进行进场检验，其性能应符合设计要求或标准规定 | 检查数量：按数检查。<br>检验方法：检查出厂合格证和进场复验报告 |
| | 预埋件用钢材及焊条的性能应符合设计要求 | 检查数量：按批检查。<br>检验方法：检查出厂合格证 |
| | 钢筋焊接接头及钢筋制品的焊接性能应按规定进行抽样试验，试验结果应符合现行国家标准《钢筋焊接及验收规程》JGJ 18 规定。 | 检查数量：按批检查。<br>检验方法：检查焊接试件试验报告 |
| | 钢筋接头的方式、位置、同一截面受力钢筋的接头百分率、钢筋的搭接长度和锚固长度等应符合设计要求或标准规定 | 检查数量：全数检查。<br>检验方法：观察和测量 |
| 一般项目 | 绑扎成型的钢筋骨架周边两排钢筋不得缺扣，绑扎骨架其余部位缺扣，松扣的总数量不得超过绑扣总数的 20%，且不应有相邻两点缺扣或松扣 | 检查数量：全数检查。<br>检验方法：观察或摇动检查 |
| | 焊接成型的钢筋骨架应牢固，无变形。焊接骨架漏焊、开焊的总数量不得超过焊点总数的 4%，且不应有相邻两点漏焊或开焊 | 检查数量：全数检查。<br>检验方法：观察及摇动检查 |
| | 钢筋网片或骨架装入模具后，应按设计图纸要求对钢筋位置、规格、间距、保护层厚度等进行检查，允许偏差及检验方法应符合表 6-5 的规定 | 检查数量：以同一班组同一类型成品为一个检验批，在逐件目测检验的基础上，随机抽取总数的 5%，且不少于 3 件。<br>检验方法：观察和尺量 |
| | 固定在模具上的套筒、螺栓、预埋件和预留孔洞应按构件模板图进行配置，且应安装牢固，不得遗漏，允许偏差及检验方法应满足表 6-6、表 6-7 的规定 | 检查数量：全数检查。<br>检查方法：观察和尺量 |

表 6-5　钢筋成品的允许偏差和检验方法

<table>
<tr><th colspan="3">项目</th><th>允许偏差/mm</th><th>检验方法</th></tr>
<tr><td rowspan="4">焊接钢筋网片</td><td colspan="2">长、宽</td><td>±5</td><td>钢尺检查</td></tr>
<tr><td colspan="2">网眼尺寸</td><td>±10</td><td>钢尺量连续三挡，取最大值</td></tr>
<tr><td colspan="2">对角线差</td><td>5</td><td>钢尺检查</td></tr>
<tr><td colspan="2">端头不齐</td><td>5</td><td>钢尺检查</td></tr>
<tr><td rowspan="10">钢筋骨架</td><td colspan="2">长</td><td>0，−5</td><td>钢尺检查</td></tr>
<tr><td colspan="2">宽</td><td>±5</td><td>钢尺检查</td></tr>
<tr><td colspan="2">高（厚）</td><td>±5</td><td>钢尺检查</td></tr>
<tr><td colspan="2">主筋间距</td><td>±10</td><td>钢尺量两端，中间各一点，取最大值</td></tr>
<tr><td colspan="2">主筋排距</td><td>±5</td><td>钢尺量两端，中间各一点，取最大值</td></tr>
<tr><td colspan="2">箍筋间距</td><td>±10</td><td>钢尺量连续三挡，取最大值</td></tr>
<tr><td colspan="2">弯起点位置</td><td>15</td><td>钢尺检查</td></tr>
<tr><td colspan="2">端头不齐</td><td>5</td><td>钢尺检查</td></tr>
<tr><td rowspan="2">保护层</td><td>柱、梁</td><td>±5</td><td>钢尺检查</td></tr>
<tr><td>板、墙板</td><td>±3</td><td>钢尺检查</td></tr>
</table>

表 6-6　预埋件加工允许偏差与检验方法

<table>
<tr><th>序号</th><th colspan="2">检验项目</th><th>允许偏差/mm</th><th>检验方法</th></tr>
<tr><td>1</td><td colspan="2">预埋件锚板的边长</td><td>0，5</td><td>用钢尺量测</td></tr>
<tr><td>2</td><td colspan="2">预埋件锚板的平整度</td><td>1</td><td>用钢尺和塞尺量测</td></tr>
<tr><td rowspan="2">3</td><td rowspan="2">钢筋</td><td>长度</td><td>10，−5</td><td>用钢尺量测</td></tr>
<tr><td>间距偏差</td><td>±10</td><td>用钢尺量测</td></tr>
</table>

表 6-7　模具上预埋件、预留孔洞安装允许偏差与检验方法

<table>
<tr><th>序号</th><th colspan="2">检验项目</th><th>允许偏差/mm</th><th>检验方法</th></tr>
<tr><td rowspan="2">1</td><td rowspan="2">预埋钢板、建筑幕墙用槽式预埋组件</td><td>中心线位置</td><td>3</td><td>用尺量测纵横两个方向的中心线位置，取其最大值</td></tr>
<tr><td>平面高度</td><td>±2</td><td>钢直尺和塞尺检查</td></tr>
<tr><td>2</td><td colspan="2">预埋管、电线盒、电线管、预留孔、浆锚搭接预留孔（或波纹管）水平和垂直方向的中心线位置偏移</td><td>2</td><td>用尺量测纵横两个方向的中心线位置，取其最大值</td></tr>
<tr><td rowspan="2">3</td><td rowspan="2">插筋</td><td>中心线位置</td><td>3</td><td>用尺量测纵横两个方向的中心线位置，取其最大值</td></tr>
<tr><td>外露长度</td><td>+10，0</td><td>用尺量测</td></tr>
<tr><td rowspan="2">4</td><td rowspan="2">吊环</td><td>中心线位置</td><td>3</td><td>用尺量测纵横两个方向的中心线位置，取其最大值</td></tr>
<tr><td>外露长度</td><td>0，−5</td><td>用尺量测</td></tr>
</table>

续表

| 序号 | 检验项目 | | 允许偏差/mm | 检验方法 |
|---|---|---|---|---|
| 5 | 预埋螺栓 | 中心线位置 | 2 | 用尺量测纵横两个方向的中心线位置，取其最大值 |
| | | 外露长度 | +5，0 | 用尺量测 |
| 6 | 预埋螺母 | 中心线位置 | 2 | 用尺量测纵横两个方向的中心线位置，取其最大值 |
| | | 平面高差 | ±1 | 钢直尺和塞尺检查 |
| 7 | 预留洞 | 中心线位置 | 3 | 用尺量测纵横两个方向的中心线位置，取其最大值 |
| | | 尺　寸 | +3，0 | 用尺量测纵横两个方向尺寸，取其最大值 |
| 8 | 灌浆套筒 | 灌浆套筒中心线位置 | 1 | 用尺量测纵横两个方向的中心线位置，取其最大值 |
| | | 连接钢筋中心线位置 | 1 | 用尺量测纵横两个方向的中心线位置，取其最大值 |
| | | 连接钢筋外露长度 | +5，0 | 用尺量测 |

2. 事中生产过程质量检验

事中生产过程质量检验重点检查混凝土计量及配合比、预制构件养护条件、预制构件强度、预制构件脱模条件是否符合规范及设计要求，相关书面记录资料是否完整等内容。混凝土浇筑过程中的检查与传统项目的检查、验收类似，但由于是工业化产品，其精度要求要比工地现场预制的要求高很多。

混凝土质量检验内容与方法见表 6-8，混凝土质量应达到表 6-9 的要求。

表 6-8　混凝土质量检验内容与方法

| 项目 | 检查内容 | 检查数量与方法 |
|---|---|---|
| 主控项目 | 拌制混凝土所用原材料的品种及规格，必须符合混凝土配合比的规定 | 检查数量：每工作班检验不应少于 1 次。<br>检验方法：按配合比通知单内容逐项核对，并做好记录 |
| | 预制构件的混凝土强度应按国家标准《混凝土强度检验评定标准》GB/T 50107 的规定分批评定，混凝土评定结果应合格 | 检查数量：按批检查。<br>检验方法：检查混凝土强度报告及混凝土强度检验评定记录 |
| 一般项目 | 拌制混凝土所用的材料和数量应符合混凝土配合比的规定。混凝土原材料每盘原材料允许误差应满足表 6-9 的规定 | 检查数量：每工作不应少于 1 次。<br>检验方法：检查符合称量装置的数值 |
| | 预制构件成型后应按生产方案规定的混凝土养护制度进行养护。当采用加热养护时，升温速度、恒温温度及降温速度应不超过方案规定的数值 | 检查数量：按批检查。<br>检验方法：检查养护及测温记录 |

表 6-9 混凝土材料允许误差

| 序号 | 材料的种类 | 允许误差/% |
|---|---|---|
| 1 | 水 泥 | ±2 |
| 2 | 骨 料 | ±3 |
| 3 | 水、外加剂 | ±1 |
| 4 | 掺合料 | ±2 |

3. 事后构件产品质量检查与验收

事后构件产品质量检验重点检查构件成型尺寸及偏差、预埋件成型定位及偏差、预制构件边缘粗糙面、构件成型观感质量及修补管控等内容。混凝土浇筑完成后的表面观感质量检查，与传统的项目检查与验收类似，但是精度要求高且严格。

## （三）预制构件的质量验收

1. 验收的程序及方法

预制构件验收方法分为构件制作生产单位验收与现场施工单位（含监理单位）两个方面进行。

（1）构件预制厂验收。构件预制厂验收包含五个方面：模具、外墙面砖、制作材料（水泥、钢筋、砂、石、外加剂等）、外观质量、几何尺寸。构件成品的外观质量、几何尺寸的验收要求逐块检查。

（2）现场验收。预制构件现场验收为构件进入吊装施工现场后的构件观感质量和几何尺寸、成品构件的产品合格证和有关资料、构件图纸编号与实际构件的一致性检查，对预制构件在明显部位标明的生产日期、构件型号、生产单位和构件生产单位验收标志进行检查，对构件上的预埋件、插筋、预留洞的规格、位置和数量是否符合设计图纸的标准进行检查。

2. 构件验收

预制构件在出厂前应进行成品质量验收（图 6-2），其检查项目包括：预制构件的外观质量、预制构件的外形尺寸、预制构件的钢筋、连接套筒、预埋件、预留孔洞、预制构件的外装饰和门窗框。

图 6-2 成品质量验收

以预制墙板为例，对预制构件的尺寸检测，主要检查是否包括墙体高度、宽度、厚度、对角线差、弯曲、内外表面平整度等。可采用激光测距仪、钢卷尺对墙板的高、宽、洞口尺寸等进行尺寸测量。预制构件成品质量检验项目内容与方法见表 6-10。预制构件的尺寸允许偏差应符合表 6-11 ~ 表 6-15 的规定。

外观检测质量应经检验合格，且不应有影响结构安全、安装施工和使用要求的缺陷。尺寸允许偏差项目的合格率不应小于 80%，允许偏差不得超过最大限值的 1.5 倍，且没有出现影响结构安全、安装施工和使用要求的缺陷。对超过尺寸允许偏差且影响结构性能和安装、使用功能的部位应经原设计单位认可，制订技术处理方案进行处理，并重新检查验收。

表 6-10　预制构件成品质量检验项目内容与方法

| 项目 | 检查内容 | 检查数量与方法 |
| --- | --- | --- |
| 主控项目 | 预制构件的脱模、起吊强度应符合《装配式混凝土建筑技术标准》GB/T 51231—2016 等规程的相关要求 | 检查数量：全数检查。<br>检查方法：检查混凝土试验报告 |
| | 在预制构件生产过程中，各项隐蔽工程应有检查记录和检验合格单 | 检查数量：全数检查。<br>检查方法：所有验收合格且必须签字齐全、日期准确方可归档 |
| | 构件的预埋件插筋、预留孔的规格和数量 | 检查数量：全数检查。<br>检查方法：对照构件制作图和变更图进行观察、测量 |
| | 预制构件的粗糙面或键槽成型质量应满足设计要求 | 检查数量：逐件检验。<br>检查方法：观察和测量 |
| | 预制构件外观质量不应有严重缺陷。 | 检查数量：全数检查。<br>检验方法：观察 |
| 一般项目 | 预制混凝土构件观感质量不应有一般缺陷，对于已经出现的一般项目缺陷，应按技术处理方案进行处理，并重新验收达到合格 | 检查数量：全数检查。<br>检查方法：观察、检查技术处理方案 |
| | 构件外形尺寸允许偏差应符合表 6-11 ~ 表 6-14 的规定。 | 检查数量：同一工作班生产的同类型构件，经全数自检、互检合格后，平行检验不应少于 30%，且不少于 5 件。<br>检查方法：测量 |

表 6-11　预制构件外观质量缺陷评定

| 名称 | 外观质量描述 | 严重缺陷 | 一般缺陷 |
| --- | --- | --- | --- |
| 露筋 | 构件钢筋未被混凝土包裹而外露 | 纵向受力钢筋有露筋 | 其他钢筋有少量露筋 |
| 蜂窝 | 混凝土表面缺少水泥浆而形成石子外露 | 构件主要受力部位有蜂窝 | 其他部位有少量蜂窝 |
| 孔洞 | 混凝土中孔穴深度和长度均超过保护层厚度 | 构件主要受力部位有孔洞 | 其他部位有少量孔洞 |
| 夹渣 | 混凝土中夹有杂物且深度超过保护层厚度 | 构件主要受力部位有夹渣 | 其他部位有少量夹渣 |
| 疏松 | 混凝土局部不密实 | 构件主要受力部位有疏松 | 其他部位有少量疏松 |

续表

| 名称 | 外观质量描述 | 严重缺陷 | 一般缺陷 |
| --- | --- | --- | --- |
| 裂缝 | 缝隙从混凝土表面延伸至混凝土内部 | 构件主要受力部位有影响结构性能或使用功能的裂缝 | 其他部位有少量不影响结构性能或使用功能的裂缝 |
| 连接部位缺陷 | 构件连接处混凝土缺陷及连接钢筋，拉结件松动，插筋严重锈蚀、弯曲，灌浆套筒堵塞、偏位，灌浆孔洞堵塞、偏位、破损等缺陷 | 连接部位有影响结构传力性能的缺陷 | 连接部位有基本不影响结构传力性能的缺陷 |
| 外形缺陷 | 缺棱掉角、棱角不直、翘曲不平、飞出凸肋等，装饰面砖黏结不牢、表面不平、砖缝不顺直 | 清水或具有装饰的混凝土构件内有影响使用功能或装饰效果的外形缺陷 | 其他混凝土构件有不影响使用功能的外形缺陷 |
| 外表缺陷 | 构件表面麻面、掉皮、起砂、沾污等 | 具有重要装饰效果的清水混凝土构件有外表缺陷 | 其他混凝土构件有不影响使用功能的外表缺陷 |

表 6-12　预制楼板类构件外形尺寸允许偏差及检验方法

| 序号 | 检查项目、内容 | | | 允许偏差/mm | 检验方法 |
| --- | --- | --- | --- | --- | --- |
| 1 | 规格尺寸 | 长度 | <12 m | ±5<br>−5 | 用尺量两端及中间部，取其中偏差的绝对值较大者 |
| | | | 12 m≤$a$<18 m | ±10<br>−10 | |
| | | | ≥18 m | ±20<br>−20 | |
| 2 | | 宽度 | | ±5 | 用尺量两端及中间部，取其中偏差的绝对值较大者 |
| 3 | | 厚度 | | ±5 | 用尺量板四角和四边中部位置共8处，取其中偏差的绝对值较大者 |
| 4 | 对角线差 | | | 6 | 在构件表面，用尺量测两对角线的长度，取其绝对值的差值 |
| 5 | 外形 | 表面平整度 | 内表面 | 4 | 用 2 m 靠尺安放在构件表面，用楔形塞尺量测靠尺与表面之间的最大缝隙 |
| | | | 外表面 | 3 | |
| 6 | | 侧向弯曲 | | $L$/750 且≤20 | 拉线，钢尺量取最大弯曲处 |
| 7 | | 扭翘 | | $L$/750 | 四对角拉两条线，量测两线交点之间的距离，其值的 2 倍为扭翘值 |
| 8 | 预埋配件部件 | 预埋钢板 | 中心线位置偏差 | 5 | 用尺量测纵横两个方向的中心线位置，取其中的较大值 |
| | | | 平面高差 | 0，−5 | 用尺靠在预埋件上，用楔形塞尺量测预埋件平面与混凝土面的最大缝隙 |

续表

<table>
<tr><th>序号</th><th colspan="3">检查项目、内容</th><th>允许偏差/mm</th><th>检验方法</th></tr>
<tr><td>9</td><td rowspan="4">预埋配件部件</td><td rowspan="2">预埋螺栓</td><td>中心线位置偏移</td><td>2</td><td>用尺量测纵横两个方向的中心线位置，取其中的较大值</td></tr>
<tr><td></td><td>外露长度</td><td>10，-5</td><td>靠尺或塞尺量</td></tr>
<tr><td rowspan="2">10</td><td rowspan="2">预埋线盒、电盒</td><td>在构件平面的水平方向中心位置偏差</td><td>10</td><td>卷尺量取</td></tr>
<tr><td>与构件表面混凝土高差</td><td>0，-5</td><td>靠尺或塞尺量</td></tr>
<tr><td rowspan="2">11</td><td colspan="2" rowspan="2">预留孔</td><td>中心线位置偏移</td><td>5</td><td>用尺量测纵横两个方向的中心线位置，取其中的较大值</td></tr>
<tr><td>孔尺寸</td><td>±5</td><td>用尺量测纵横两个方向的尺寸，取其中的较大值</td></tr>
<tr><td rowspan="2">12</td><td colspan="2" rowspan="2">预留洞</td><td>中心线位置偏移</td><td>5</td><td>用尺量测纵横两个方向的中心线位置，取其中的较大值</td></tr>
<tr><td>洞口尺寸、深度</td><td>±5</td><td>用尺量测纵横两个方向的尺寸，取其中较大值</td></tr>
<tr><td rowspan="2">13</td><td colspan="2" rowspan="2">预留插筋</td><td>中心线位置偏移</td><td>3</td><td>用尺量测纵横两个方向的中心线位置，取其中较大值</td></tr>
<tr><td>外露长度</td><td>±5</td><td>用尺量</td></tr>
<tr><td rowspan="2">14</td><td colspan="2" rowspan="2">吊环、木砖</td><td>中心线位置偏移</td><td>10</td><td>用尺量测纵横两个方向的中心线位置，取其中较大值</td></tr>
<tr><td>留出高度</td><td>0，-10</td><td>用尺量</td></tr>
<tr><td>15</td><td colspan="3">桁架筋高度、外露高度</td><td>+5，0</td><td>用尺量</td></tr>
</table>

注：$L$ 为构件长度，下同。

表 6-13　预制墙板类构件外形尺寸允许偏差及检验方法

<table>
<tr><th>序号</th><th colspan="3">检查项目、内容</th><th>允许偏差/mm</th><th>检验方法</th></tr>
<tr><td>1</td><td rowspan="3">规格尺寸</td><td colspan="2">长度</td><td>±4</td><td>用尺量两端及中间部，取其中偏差的绝对值较大者</td></tr>
<tr><td>2</td><td colspan="2">宽度</td><td>±4</td><td>用尺量两端及中间部，取其中偏差的绝对值较大者</td></tr>
<tr><td>3</td><td colspan="2">厚度</td><td>±3</td><td>用尺量板四角和四边中部位置共8处，取其中偏差的绝对值较大者</td></tr>
<tr><td>4</td><td colspan="3">对角线差</td><td>5</td><td>在构件表面，用尺量测两对角线的长度，取其绝对值的差值</td></tr>
<tr><td rowspan="2">5</td><td rowspan="3">外形</td><td rowspan="2">表面平整度</td><td>内表面</td><td>4</td><td rowspan="2">用 2 m 靠尺安放在构件表面，用楔形塞尺量测靠尺与表面之间的最大缝隙</td></tr>
<tr><td>外表面</td><td>3</td></tr>
<tr><td>6</td><td colspan="2">侧向弯曲</td><td>$L$/1000 且≤20</td><td>拉线，钢尺量取最大弯曲处</td></tr>
</table>

续表

| 序号 | 检查项目、内容 | | | 允许偏差/mm | 检验方法 |
|---|---|---|---|---|---|
| 7 | 外形 | 扭翘 | | $L/1000$ | 四对角拉两条线，量测两线交点之间的距离，其值的2倍为扭翘值 |
| 8 | 预埋配件部件 | 预埋钢板 | 中心线位置偏差 | 5 | 用尺量测纵横两个方向的中心线位置，取其中的较大值 |
| | | | 平面高差 | 0，−5 | 用尺靠在预埋件上，用楔形塞尺量测预埋件平面与混凝土面的最大缝隙 |
| 9 | | 预埋螺栓 | 中心线位置偏移 | 2 | 用尺量测纵横两个方向的中心线位置，取其中的较大值 |
| | | | 外露长度 | 10，−5 | 用尺量 |
| 10 | | 预埋套筒、螺母 | 中心线位置偏移 | 2 | 用尺量测纵横两个方向的中心线位置，取其中的较大值 |
| | | | 平面高差 | 0，−5 | 用尺靠在预埋件上，用楔形塞尺量测预埋件平面与混凝土面的最大缝隙 |
| 11 | 预留孔 | | 中心线位置偏移 | 5 | 用尺量测纵横两个方向的中心线位置，取其中的较大值 |
| | | | 孔尺寸 | ±5 | 用尺量测纵横两个方向的尺寸，取其中较大值 |
| 12 | 预留洞 | | 中心线位置偏移 | 5 | 用尺量测纵横两个方向的中心线位置，取其中的较大值 |
| | | | 洞口尺寸、深度 | ±5 | 用尺量测纵横两个方向的尺寸，取其中较大值 |
| 13 | 预留插筋 | | 中心线位置偏移 | 3 | 用尺量测纵横两个方向的中心线位置，取其中的较大值 |
| | | | 外露长度 | ±5 | 用尺量 |
| 14 | 吊环、木砖 | | 中心线位置偏移 | 10 | 用尺量测纵横两个方向的中心线位置，取其中的较大值 |
| | | | 留出高度 | 0，−10 | 用尺量 |
| 15 | 键槽 | | 中心线位置偏移 | 5 | 用尺量测纵横两个方向的中心线位置，取其中的较大值 |
| | | | 长度、宽度 | ±5 | 用尺量 |
| | | | 深度 | ±5 | 用尺量 |
| 16 | 灌浆套筒及连接钢筋 | | 灌浆套筒中心线位置 | 2 | 用尺量测纵横两个方向的中心线位置，取其中的较大值 |
| | | | 连接钢筋中心线位置 | 2 | 用尺量测纵横两个方向的中心线位置，取其中的较大值 |
| | | | 连接钢筋外露长度 | +10，0 | 用尺量 |

表 6-14　预制梁柱桁架类构件外形尺寸允许偏差及检验方法

| 序号 | 检查项目、内容 | | | 允许偏差/mm | 检验方法 |
|---|---|---|---|---|---|
| 1 | 规格尺寸 | 长度 | <12 m | ±5<br>−5 | 用尺量两端及中间部，取其中偏差值绝对值较大值 |
| | | | ≥12 m 且<18 m | ±10<br>−10 | |
| | | | ≥18 m | ±20<br>−20 | |
| 2 | | 宽度 | | ±5<br>−5 | 用尺量两端及中间部，取其中偏差值绝对值较大值 |
| 3 | | 高度 | | ±5<br>−5 | 用尺量板四角和四边中部位置共 8 处，取其中偏差的绝对值较大者 |
| 4 | 表面平整度 | | | 4 | 用 2 m 靠尺安放在构件表面，用楔形塞尺量测靠尺与表面之间的最大缝隙 |
| 5 | 侧向弯曲 | | 梁柱 | $L$/750 且≤20 | 拉线，钢尺量取最大弯曲处 |
| | | | 桁架 | $L$/1000 且≤20 | |
| 6 | 预埋部件 | 预埋钢板 | 中心线位置偏差 | 5 | 用尺量测纵横两个方向的中心线位置，取其中的较大值 |
| | | | 平面高差 | 0，−5 | 用尺靠在预埋件上，用楔形塞尺量测预埋件平面与混凝土面的最大缝隙 |
| 7 | | 预埋螺栓 | 中心线位置偏移 | 2 | 用尺量测纵横两个方向的中心线位置，取其中的较大值 |
| | | | 外露长度 | +10，−5 | 用尺量 |
| 8 | 预留孔 | | 中心线位置偏移 | 5 | 用尺量测纵横两个方向的中心线位置，取其中的较大值 |
| | | | 孔尺寸 | ±5 | 用尺量测纵横两个方向的尺寸，取其中的较大值 |
| 9 | 预留洞 | | 中心线位置偏移 | 5 | 用尺量测纵横两个方向的中心线位置，取其中的较大值 |
| | | | 洞口尺寸、深度 | ±5 | 用尺量测纵横两个方向的尺寸，取其中的较大值 |
| 10 | 预留插筋 | | 中心线位置偏移 | 3 | 用尺量测纵横两个方向的中心线位置，取其中的较大值 |
| | | | 外露长度 | ±5 | 用尺量 |
| 11 | 吊环 | | 中心线位置偏移 | 10 | 用尺量测纵横两个方向的中心线位置，取其中的较大值 |
| | | | 留出高度 | 0，−10 | 用尺量 |

续表

| 序号 | 检查项目、内容 | | 允许偏差/mm | 检验方法 |
|---|---|---|---|---|
| 12 | 键槽 | 中心线位置偏移 | 5 | 用尺量测纵横两个方向的中心线位置，取其中的较大值 |
| | | 长度、宽度 | ±5 | 用尺量 |
| | | 深度 | ±5 | 用尺量 |
| 13 | 灌浆套筒及连接钢筋 | 灌浆套筒中心线位置 | 2 | 用尺量测纵横两个方向的中心线位置，取其中的较大值 |
| | | 连接钢筋中心线位置 | 2 | 用尺量测纵横两个方向的中心线位置，取其中的较大值 |
| | | 连接钢筋外露长度 | +10，0 | 用尺量 |

表 6-15　装饰构件外观尺寸允许偏差及检验方法

| 序号 | 装饰种类 | 检查项目 | 允许偏差/mm | 检验方法 |
|---|---|---|---|---|
| 1 | 通用 | 表面平整度 | 2 | 2 m 靠尺或塞尺检查 |
| 2 | 面砖、石材 | 阳角方正 | 2 | 用拖线板检查 |
| 3 | | 上口平直 | 2 | 拉通线用钢尺检查 |
| 4 | | 接缝平直 | 3 | 用钢尺或塞尺检查 |
| 5 | | 接缝深度 | ±5 | 用钢尺或塞尺检查 |
| 6 | | 接缝宽度 | ±2 | 用钢尺检查 |

## （四）预制构件修补管理

PC 车间严格执行生产制订的《构件修补方案》，建立构件修补台账，及时组织人员维修，修补完毕、验收合格后转入堆场。

构件脱模后，不存在影响结构性能、钢筋、预埋件或者拉结件锚固的局部破损或构件表面的非受力裂缝时，可用修补浆料进行表面修补后使用，见表 6-16。

表 6-16　构件表面破损和裂缝处理方法

| 项目 | 现象 | 处理方案 | 检查方法 |
|---|---|---|---|
| 破损 | 1. 影响结构性能且不能恢复的破损 | 废弃 | 目测 |
| | 2. 影响钢筋、拉结件、预埋件锚固的破损 | 废弃 | 目测 |
| | 3. 上述 1 和 2 以外的，破损长度在 20 mm 以下 | 现场修补 | 目测、卡尺测量 |
| | 4. 上述 1 和 2 以外的，破损长度超过 20 mm | 用不低于混凝土设计强度的专用修补浆料修补 | 目测、卡尺测量 |
| 裂缝 | 1. 影响结构性能且不可恢复的裂缝 | 废弃 | 目测 |
| | 2. 影响钢筋、拉结件、预埋件锚固的裂缝 | 废弃 | 目测 |

续表

| 项目 | 现象 | 处理方案 | 检查方法 |
| --- | --- | --- | --- |
| 裂缝 | 3. 裂缝宽度大于 0.3 mm 且裂缝长度超过 300 mm | 废弃 | 目测、卡尺测量 |
| | 4. 上述 1、2、3 以外的，宽度不足 0.2 mm 且在外表面时 | 用专用防水浆料修补 | 目测、卡尺测量 |
| | 5. 上述 1、2、3 以外的，裂缝宽度超过 0.2 mm | 用环氧树脂浆料修补 | 目测、卡尺测量 |

### （五）预制构件的标识

预制构件脱模后应在其表面醒目位置，按构件设计制作图规定对每件构件编码。预制构件验收合格后应在明显部位标识构件型号、生产日期和质量验收合格标志。预制构件生产企业应按照有关标准规定或合同要求，对其供应的产品签发产品质量证明书，明确重要参数，有特殊要求的产品还应提供安装说明书。

（1）预制构件脱模后应在明显部位做构件标识。

（2）经过检验合格的产品出货前应粘贴合格证。

（3）产品标识内容应包含产品名称、编号（应当与施工图编号一致）、规格、设计强度、生产日期、合格状态等。

（4）标识宜用电子笔喷绘，也可用记号笔手写，但必须清晰正确。预埋芯片或 RFID 无线射频识别标签可以存入更详细的信息。

（5）每种类别的构件的标识位置应统一。标识应设在容易识别的地方，且不影响表面美观。竖向构件埋设在相对楼层建筑高度 1.5 m 处，叠合楼板、梁等水平放置构件统一埋设在构件中央位置。芯片置入深度为 3 ~ 5 cm，且不宜过深。

### （六）预制构件成品保护

（1）预制混凝土构件成品养护、成品保护（图 6-3、图 6-4）及存储运输应依据已确认的方案要求组织实施。

（2）预制混凝土构件养护和成品保护应由专人负责。

（3）预制混凝土构件在厂区内运输、码放和存储应采取必要的安全措施和建立安全检查制度，并根据出厂计划合理安排。

（4）成品养护依据厂内现有的条件进行浇水养护，养护水保持清洁，不得污染构件表面。

（5）预制混凝土构件运输过程中必须采取适当的防护措施，防止损坏或污染构件表面。

（6）所有构件在成型拆模过程中必须使用专用拆模工具，在混凝土强度达到 18 MPa 后才可以拆模，保证混凝土构件在拆模过程中不被损坏。

（7）构件起模强度必须达到设计要求，使用专用吊具起吊。吊钩安装必须牢固，防止松钩造成构件损坏及安全事故。

（8）构件起模后及时对构件边角采用木条或专用护角条包裹保护，防止构件在起吊运输过程中碰撞造成边角损坏。

（9）构件装车时按运输标准在车厢上铺设木方保护，叠放构件部位设置木方。

（10）采用外保温工艺的构件，在保温铺设时构件四角挖出 15 cm 见方，此部位混凝土浇筑密实，在装车时采用木方支撑铺垫，防止外保温受压损坏。

（11）楼梯构件竖向装车运输时构件与构件中间使用木方或橡胶垫块分割堆放，防止构件运输过程中碰撞导致棱角破损。

图 6-3　外墙装修完成面保护

图 6-4　门窗一体化反打成品保护

### （七）PC 工厂资料管理

（1）预制构件工厂应根据要求建立技术资料管理规定，从原材料加工过程到成品的质量检查记录应真实详细。

（2）技术资料应按要求进行整理、存档备案。

（3）构件生产合格证（混凝土强度、主要受力钢筋、其他特殊要求）。

（4）结构性能证明文件（结构性能检验报告或加强措施质量证明文件）。

（5）装饰保温性能证明文件。

（6）其他必要的证明文件。

## 三、PC 预制构件质量控制方案（实例）

### 1. 原材料进场检验

试验员负责对进厂的各种原材料（砂、石、水泥、外加剂、粉煤灰、钢筋等）进行抽样检验，核查进厂的原材料是否符合公司对原材料的要求，如不符合则通知设备物资部予以退厂处理，并做相应的备案。对甲方指定进行对外委托试验的项目，要根据甲方要求进行实地取样，并及时送交指定机构进行检验。

### 2. 生产过程质量检验

质检员负责监控和抽查日常生产的产品质量，按质量控制节点对预制构件生产过程进行控制，有问题督促施工员及生产班组及时更正。对日常检查的项目要及时做好记录并归档。预制构件质量控制节点分为以下几点：

（1）拆模。拆模之前需做同条件试块的抗压试验，试验结果达到 20 MPa 方可拆模。

（2）脱模。起吊之前，检查模具及工装是否拆卸完全，如未拆模完全，不允许起吊。起吊之前，检查吊具及钢丝绳是否存在安全隐患（尤其是飘窗吊具和叠合板吊具要重点检查），如有问题则不允许使用，及时上报。

（3）模具清理。确保组模时无尺寸偏差。内、外叶墙侧板基准面的上下边沿清理干净，利于抹面时保证厚度要求。所有模具的工装全部清理干净，无残留混凝土。

（4）组模。选择正确型号侧板与窗口侧板进行拼装，拼装时不能漏放螺栓或各种固定零件。

（5）涂刷界面剂。需涂刷界面剂的模板应在绑扎钢筋笼之前涂刷，严禁界面剂涂刷到钢筋笼上。

（6）涂刷脱模剂。脱模剂必须采用水性脱模剂，且需时刻保证抹布（或海绵）及脱模剂干净无污染。

（7）钢筋笼绑扎。绑扎或焊接钢筋骨架前应仔细核对钢筋料尺寸，不合格的钢筋料不准使用。制作完成的钢筋骨架严禁私自再次剪切、割断。

（8）外叶墙入笼及埋件安装。钢筋网片经检查合格后，按规格把钢筋网片吊放入模具并调整好位置。然后在钢筋网片指定位置垫好保护层垫块，保护层垫块按 500 mm 间距梅花状布置。

（9）防腐木砖安装。防腐木砖必须固定牢固，确保在之后的工序中不发生松动脱落现象。

（10）外叶墙混凝土浇筑。浇筑前检查混凝土坍落度是否符合要求。严格控制外叶墙浇筑厚度，浇筑过程中应使用测量工具随时测量混凝土厚度。

（11）保温板铺装。在外叶墙混凝土振捣完成后立刻拼装保温板，保证在混凝土初凝前拼装完成，使保温板与混凝土粘贴牢固，避免出现冷桥现象。拉结件与孔之间的空隙使用发泡胶封堵严实。保温板铺装完成后必须仔细检查整体平整度，有凹凸不平的地方需及时处理。保温板拼装时不允许污染保温板，保证保温板表面清洁。

（12）内叶墙侧模及钢筋骨架安装。保温板铺完、拉结件安装完成后将内叶墙侧模与内叶墙钢筋骨架按照墙板型号安装在模具指定位置并用紧固螺栓将其固定，保证模具侧模的拼装尺寸及垂直度。安装钢筋笼时严禁将拉结件碰偏。

（13）预埋件安装。安装埋件之前检查所有工装是否有损坏、变形现象。严禁埋件有漏放、型号放错或位置放错的现象。

（14）内叶墙混凝土浇筑。浇筑前检查混凝土坍落度是否符合要求。浇筑时尽量避开预埋件及预埋件工装。振捣方式采用振捣棒振捣，振捣至混凝土表面无明显气泡溢出，保证混凝土表面水平且有 5 mm 以上的浮浆，无石子外露。

（15）混凝土抹面。抹面次数应不少于 3 次。使用铁抹子对混凝土上表面进行压光，保证表面无裂纹、无气泡、无杂质、无杂物，表面平整光洁，不允许有凹凸现象。此步应使用靠尺边测量边找平，保证上表面平整在 3 mm 以内。

对于预制构件，根据企业质量检查标准，按质检流程对产品质量控制节点进行检查。质检员接到现场施工员或施工班组长通知后按预制构件检查标准对预制构件各生产节点进行分项检查并打分，不合格的地方督促整改。检验过程中填写预制构件检查表。检验结束后，将预制构件检查表进行归档保存，便于查阅。

3. 成品检验

拆模后的产品质检员要按照检查表所列项目逐项进行外观检查，对于外观有问题的要督促施工班组及时更正。合格后方可统一转运至存放区域。对于有严重质量缺陷且不能修复的，应在产品指定位置做好标识。

4. 成品保护

预制构件应分型号使用专用的存放架进行存放，存放架应采用地脚螺栓或焊接等方式固定在地面上。存放架上方用于隔断墙板的槽钢要使用帆布或胶皮等柔软材料包裹好，避免磕碰或摩擦墙板表面。存放时，墙板内叶墙下方应垫好木方，上方应垫好木楔，木楔应用塑料布包裹好。

5. 发货检验

在装车前检查产品的外观质量，如气泡、破损、修补效果、预埋件等。有不合格的地方要及时处理，保证出厂的产品外形美观，各种尺寸符合质量要求。

6. 日常质量控制

重视对质量相关人员质量意识的提高，特别是质检员。定期对质检员和一线施工人员进行技术交底和培训。提高质量相关人员的责任心，逐步加强其质量意识。组织部门人员完善质量控制流程，优化产品生产流程，提高生产效率，保证产品质量。

## 思考题

1. 简述构件生产质量的主要影响因素。
2. 构件生产质量控制的基本原理有哪些？
3. 构件生产事前隐蔽验收主要内容有哪些？
4. 构件生产过程质量检查重点内容有哪些？
5. 构件成品质量检验重点检查内容有哪些？
6. 预制构件的质量验收对外观质量和尺寸有何规定？
7. 预制构件的标识应包含哪些基本信息？

# 第七章　构件生产成本管理

装配式建筑是先进的生产模式，具有很多优点，但是根据我国目前推广的情况来看，其经济效果却不容乐观。其中有行业本身的原因，也有企业自身的原因，如果装配式建筑能够实现规模生产，经济效益还是不可估量的，既节约了成本又降低了对环境的影响，全面提高了经济效益。影响构件生产成本的因素有很多，比如，构件深化设计、模具设计、生产工艺、运输方式等。在设计不变的前提下，要想降低构件生产与运输的成本，就必须研究装配式建筑的结构形式、生产工艺、运输方式和安装方法，从优化工艺、集成技术、节材降耗、提高效率着手，综合降低装配式建筑的构件生产成本。本章内容主要从构件生产过程的成本构成角度来分析构件成本的控制。

## 第一节　预制构件成本分析

### 一、预制构件成本构成

在理论上，预制构件成本构成有两种划分方式：一种是按费用构成要素划分，即定额模式；另一种是按造价形成划分，即清单模式。见图 7-1、图 7-2。

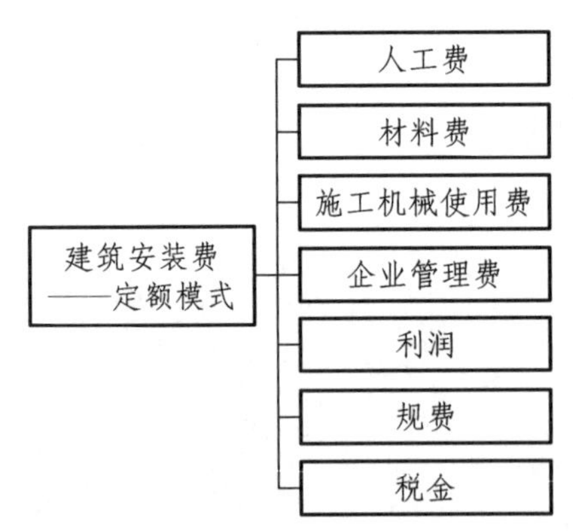


图 7-1　定额模式下的构件成本构成

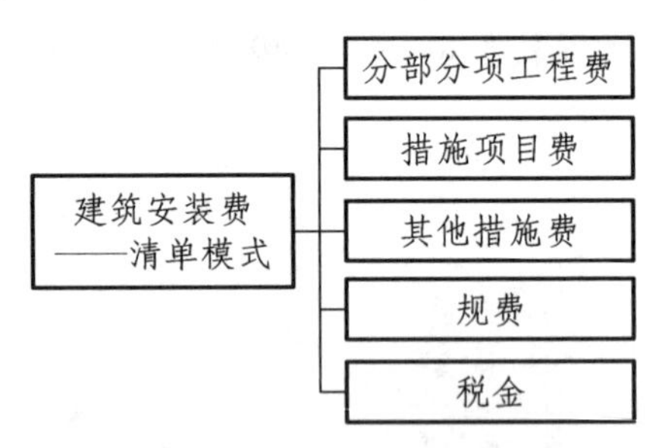


图 7-2　清单模式下的构件成本构成

以某城市为例，定额虽已发布，但是在实际项目招投标中，仍未投入使用，实际仍然应用惯例格式，此格式实际可定义为全费用综合单价（图 7-3）。其主要原因有两个。

第一，定额参考价格与某市各构件预制厂实际价格存在一定出入，出入原因为某市所在地区经济及建筑业行情不甚景气，房地产开发节奏和力度均下降，导致各家产能远远小于设计产能，期间费用占比较大。

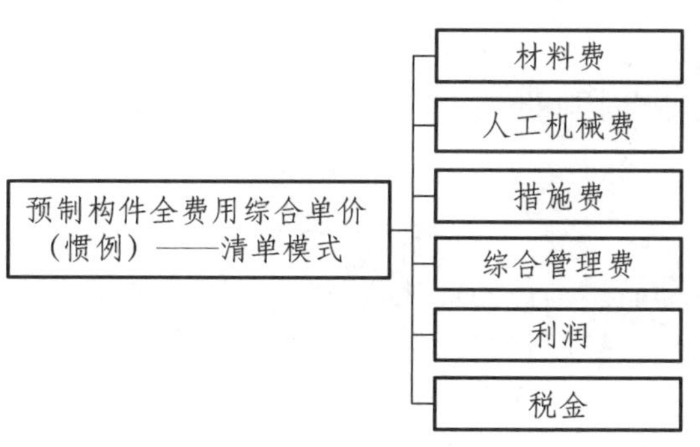

图 7-3　预制构件全费用综合单价

第二，定额模式本身较为落后，如套用，各企业千篇一律，不能体现市场竞争；加之格式较惯例格式烦琐，故未投入使用。

## 二、预制构件成本影响因素分析

从生产过程的角度来分析，预制构件成本包括主材、辅材、人工费、模具、蒸养、包装运输、生产管理、税金等费用。占预制构件费前三位的分别是 PC 人工制作费、主材费、税金。如何控制这三方面的成本是降低预制构件费的关键。

在成本构成（图 7-4）中，直接材料费直接由设计决定；人工费、物流费和模具费由设计为预制构件工厂降成本创造条件；设备厂房折旧费和其他经营管理费与设计无关。设计对于预制构件成本影响是多方面的，主要体现在：用量少，物料规格标准化及物料含量低；标准，构件外形标准化；容易生产，构件工艺复杂度与产线布局适配度高；便于装配施工，构件尺寸适宜且装载率高。

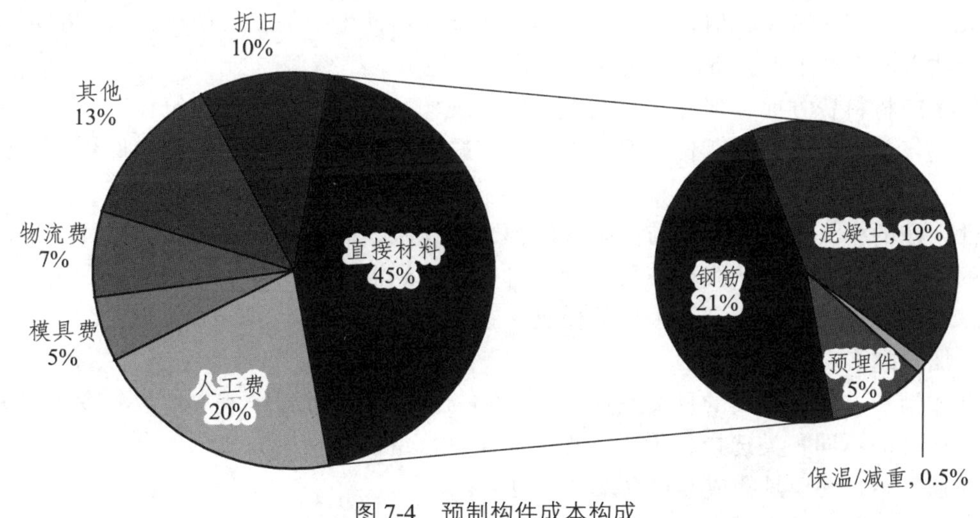

图 7-4　预制构件成本构成

## 三、构件生产费用分析与成本降低方法

从预制构件的设计、制作以及运输环节上进行节约是降低装配式建筑构件生产成本的关

键。除此之外，还需要整个行业制定法律法规，大力推广普及装配式建筑，规范引导构件生产，形成产业化，促使构件成本降低。

## （一）设计阶段

设计阶段应完成所有部品、构件的深化设计，可以针对所采用的多种部品进行经济性比较和选择，使设计完整度、可控度提高。装配式建筑的预制构件以设计图纸为制作、生产依据，设计的合理性直接影响项目以及构件的成本。

在设计方面，可以对构件的设计进行优化，提高构件的重复使用率以及制作的效率。如果在设计中，设计的构件重复使用率高，就不需要对现场的模板进行重复调整，而是可以直接使用，这样就可以大大提高构件制作的效率，减少模具种类，提高周转次数，减少返工浪费。因此设计人员应当尽量避免设计形态独特的构件增加制作的难度，而是要设计一些使用性比较普遍的构件，从而提高生产效率。特别是预制构件与现浇连接部位的详细构造更应合理设计，这样便于降低生产及施工难度。还有要提高 PC 构件的制作精细度，使安装简便，这样可减少后期装饰修补的费用。

## （二）生产制作阶段

### 1. 构件生产费用分析

预制构件的生产成本包括：构件生产人工费、构件生产材料费、用于构件生产的模具费、模具摊销费、预制构件内需放入的管线与预埋件设置费用、水电费、构件存放及管理费用、预制构件运输费用等。

构件生产人工费方面：由于大量预制构件进入工厂生产，虽然利用先进的机械设备进行生产，人工用量相对减少，但是由于从事预制装配式构件生产的工人操作技术不够熟练，需要有专业技术的生产工人，所以工人的薪资较高，造成人工费偏高。

构件生产材料费方面：现浇式建筑中构件是现场完成的，装配式建筑在工厂制作生产，两者所用建筑材料没有多大变化，但是工厂生产减少了材料的浪费，所以构件生产材料费用有所减少。

构件生产的模具费用方面：与传统现浇模式相比较，装配式混凝土结构构件在工厂内遵循严谨的工艺进行生产，从模台安装到钢筋绑扎，再到混凝土浇筑、养护，最后预制构件形成成品，整个构件生产过程需要大量的模具，预制构件的种类越多、形式越复杂，模具的成本也会增加得越多。

模具摊销费方面：模具的种类及周转次数都与构件生产过程中成本增量有较大的关系，对于预制构件的不同种类选择，生产过程中的模具数量也有相应的变化。预制构件的种类越多、形式越复杂，的模具的成本也会增加得越多。

预设管线与预埋件设置费用方面：在预制构件制作的同时，附在构件内的管线也进行安装布置，此项费用占据了预制构件生产成本的很大比例，其他预埋件也增加了部分费用，但影响不大。

水电费方面：构件在工厂集中生产，电量消耗比传统手工方式偏低，混凝土构件的养护方式改变，水耗比传统方式减少，实现了养护用水的循环使用。

构件存放与管理费用方面：现浇式建筑中混凝土构件振捣养护之后直接构成建筑实体，不需要进行构件的存放与管理。在预制装配式建筑中，构件生产养护之后，要进行专业合理的存放和管理，此项费用相比现浇式建筑中为额外增加费用。

预制构件运输费用方面：运输费用在预制构件生产成本方面占有很大比例。预制装配式混凝土构件，结构形式多样、尺寸较大，不易运输，车辆运输要求较高，运输路线需根据工厂和施工地选择。

### 2. 降低构件生产成本的方法和途径

（1）提高预制构件的生产技术。使用流水线生产不仅能够降低工人的劳动强度，而且能够优化产品质量、提高生产效率。而使用无损连接装置来生产模板可以延长平台使用寿命、提高生产率、减少摊销、降低成本。

（2）提高设计模具质量。模具是构件生产的要素之一，其设计形式是否先进合理会直接影响构件生产效率和产品质量。PC 模具应该在保证质量和构件外形尺寸的前提下做到：拆卸方便，提高生产效率；提高模具通用性和周转次数，降低采购成本；采用全激光下料，提高模具质量。

（3）提高预制构件节能生产技术。使用温控养护可以节省能源、增加模板周转次数、缩短工期，从而降低构件成本。在工厂制作构配件，实行的是标准化工厂生产，“量体裁衣”，人力、原材料、时间、工序方面的费用都可以节省，减少了浪费。

（4）改进构件生产工艺，提高生产效率。预制外墙采用反打工艺，需要使用大量的密封胶条辅助材料，施工工序复杂，增加了成本，构件生产采用固定工位。如果对生产模具进行革新，使模具成为长期使用的通用设备，并改为流水线生产方式，则可以大大提高生产效率，从而降低构件生产成本。

（5）规模出效益。大投入需要大产量才能降低投资分摊，同时降低设计费单价，使构件成本下降。

## （三）运输阶段

### 1. 运输过程成本分析

从构件出厂到现场，提前做好线路规划，根据路况选择最优的运输路线和运输工具，及时与现场进行沟通配合，对预制构件进行简单明了的编号和有序的摆放，提高构件的运输效率，节省不必要的运费开支。

装配式混凝土结构构件要由构件工厂运输到施工现场建设地，从而产生的构件运输费用与运输的效率有较大关系，这还受到运输距离及构件自重和大小形状的影响。

### 2. 降低运输过程费用的方法和途径

（1）制订运输方案：根据运输部品的质量、外形、数量，以及装卸车现场和运输道路情况，选择合适的运输车辆、起重机械（装卸部品用）。同时考虑各方所能提供的装备供应条件以及经济效益等，拟定合理的运输方法。

（2）察看运输路线：对运输道路情况，公路桥的允许负荷量，沿途上空有无障碍物情况，以及途经的涵洞净空尺寸等进行查看记录，为车辆顺利通行做好应急措施。还应注意沿途的各种铁路情况，避免交通事故。

（3）设计并制作运输架：在考虑多种部品能够通用的情况下，查看统计构件外形尺寸和质量，制作各种类型部品的运输架。

（4）改变构件装运形式，提高运输效率。将构件装运方式改为平放或立放（带飘窗或空调板的构件只能立放或斜靠），可以大大提高构件的运输效率，节省运费。

### （四）行业方面可以采取的策略

可以制定行业标准和相关的法律法规，对构件的制作、运输与安装一套流程进行设计与规范，尽量形成流水化施工，实现整个行业的成本节约，解决目前施工间隔长、流水化效率低下、技术复杂的问题。大面积推广装配式结构，大投入需要大产量才能降低投资分摊。还可以提高建筑的预制率，发挥装配式的优势，这样可以提高生产效率，降低施工模具的摊销成本，从而降低生产成本。

## 第二节　预制构件生产成本控制的具体措施

本节以某构件生产企业长期总结出来的经验为例，对预制构件生产成本的构成和控制进行分析。

### 一、材料费的构成与控制

1. 材料费的构成

第一类：通常包含混凝土、钢筋、保温板、埋件（包含吊环、套筒、机加工埋件、防腐木、拉结件、电器盒等）等一切图纸上明确的设计材料。

第二类：其他材料——通常包含脱模剂、界面剂、毛刷、绑线等图纸上未标示，但在实际生产施工中所必需的材料。

2. 材料费的控制——“量价分离”

（1）材料用量控制：定额控制、指标控制、计量控制、包干控制。

（2）材料价格控制：主要是通过掌握市场信息，应用招标和询价等方式控制材料、设备的采购价格，合理控制采购批次与数量。

3. 材料消耗量控制的具体措施

（1）混凝土。

① 根据每日生产计划向搅拌站下发要料单，不许多要料。

② 实验室优化混凝土配合比，根据不同砂子、水泥、粉煤灰、石子的来料情况及天气温度变化，随时调整混凝土配合比。

③ 车间混凝土废料及时回收利用。在浇筑过程中产生的混凝土废料，直接转入下一块墙板；在每天生产完成后产生的混凝土废料，可根据实际情况制作一些地砖、隔离带、地沟盖等，方便车间日后使用。

④ 布料机、料斗在每班生产完成后必须及时清理干净，避免混凝土在运输、浇筑过程中洒落浪费。生产班组班长负责每日生产完成后对布料机、料斗进行检查，如发现清理不到位的对清理人员进行处罚。

（2）钢材。

① 钢筋下料：根据生产计划制订钢筋加工计划；综合分析各类型产品钢筋需要量；每月进行对标考核。每月底统计生产钢筋半成品数量，生产最多不得超过 2 d 用量，如超量对责任人进行处罚。

② 领料：车间生产班组根据每日下达的生产计划领取钢筋料，生产线上只允许存放第二天生产计划用量，不得多领、少领，领取钢筋料必须有领取记录，记录一式三份，车间、钢筋班、绑扎班各一份。

③ 废料处理：车间内设置钢筋废料箱，经判定后的钢筋废料由车间、物资、财务共同参与出车间过秤，并记录留底，一式三份分别留存。

（3）保温板。

① 下料：根据生产计划制订挤塑板加工计划；每月进行对标考核。每月底统计挤塑板用量，挤塑板加工最多不得超过 2 d 用量，如超量对责任人进行处罚。

② 挤塑板在加工时剩余部分挤塑板用黄胶带拼接使用，不允许直接扔掉造成浪费。

（4）预埋件。

① 下料：根据生产计划制订半成品加工计划；综合分析各类型产品半成品需要量，确定每种半成品下料计划；每月进行对标考核。每月底统计生产半成品数量，生产最多不得超过 2 d 用量，如超量对责任人进行处罚。

② 领料：车间设置半成品加工区域及储存区域，区域必须封闭，相当于车间的半成品库，区域钥匙由车间和半成品加工区统计各一把，区域里面主要加工线盒、注浆软管。套筒等每天加工完成后，由区域统计负责清点数量，并组织人员将加工完成的套筒放入半成品区域内。套筒加工班组不得存放半成品，防止没有领料手续直接领取半成品。

（5）其他材料。

对外包单位实施包干控制，减轻自身管理压力。

## 二、人工费的构成与控制

### 1. 人工费的构成

① 计时工资或计件工资。

② 奖金。

③ 津贴。

④ 补贴。

⑤ 加班加点工资。

⑥ 特殊情况下支付的工资。

### 2. 人工费的控制——“量价分离”

（1）将作业用工及零星用工按定额工日的一定比例综合确定用工数量与单价，通过劳务合同进行控制。

（2）加强劳动定额管理，提高劳动效率，降低工程耗用人工工日，是控制人工费支出的主要手段。

## 三、机械费的构成与控制

### 1. 机械费的构成

① 生产施工相关的机械设备折旧费。

② 维修检测费。

③ 人工费。

④ 生产相关机械车辆燃料动力费。

### 2. 机械费的控制

（1）投资决策阶段运用价值工程优化资产结构，设备更新分析时充分考虑租赁与购买的方案比选，减轻资产结构。

（2）加强设备的维修、保养工作，降低大修、经常性修理等各项费用的开支。

（3）建立健全配件领发制度，严格按油料消耗定额控制油料消耗，做到修理有记录、消耗有定额、统计有报表、损耗有分析。

## 四、措施费的构成与控制

### 1. 措施费的构成

① 模具摊销费：模具采购费+固定底模、磁盒等摊销费。

② 蒸汽养护费。

③ 水电费。

④ 固定资产折旧：除生产相关机械设备的所有固定资产。

⑤ 成品保护费（包含墙板存储架、垫木等工具及厂内倒运、保存及养护所消耗的费用）。

⑥ 试验费：墙板检测项目包含水泥、砂、石、混凝土配合比、粉煤灰、混凝土试块抗压、混凝土用水、钢筋原材、减水剂、混凝土抗渗、挤塑板等，管片还需增加氯离子、碱含量、灌浆头抗拉拔、结构性能等项目检测。

⑦ 运输费：包含装车运输至工地不含卸车费。

### 2. 措施费的控制——“量价分离”

① 模具摊销费控制。

数量：从设计出发，优化构件形式，尽量做到标准化、模块化、通用化，减少模具型号及数量；合理配置模具数量并做好模具保养；充分利用存库已有模具。

单价：招标、询价。

② 蒸汽养护费：优化产能分配；根据季节规律做好燃气消耗的数据收集和分析；严格执行燃气定额消耗。

③ 水电费：指标控制。

④ 固定资产折旧：优化资产结构；技术更新进步较快的固定资产适当运用加速折旧法，尽早回收投资，减少沉没成本的风险。

⑤ 成品保护费：同材料管理。

⑥ 试验费：数量：优化原材料外委批次；单价：合理洽商。

⑦ 运输费：优化运输方案，提高装载率是决定预制构件物流成本的关键指标；通过招标和询价控制运输合同价。

### 3. 措施费消耗量控制的具体措施

（1）模具摊销费。

① 自行深化设计图纸，力求减少构件规格型号，从根本上减少模具数量。

② 面对老客户，尽量在设计阶段提前介入，给出优化建议，目的同上。

③ 针对新客户，如图纸设计尚未落地，可提前给出合理化建议；如果图纸设计已完成，则只能采取优化模具方案的办法减重以降低费用。

④依据构件设计的复杂程度，优先考虑自行加工模具，如不允许，则联合模具厂家寻求最优方案。

（2）蒸汽养护费。

① 由施工员控制每日蒸汽起始时间与结束时间，司炉工根据要求启停，并记录每日燃气量。

② 次日车间专人负责收集蒸汽时间、燃气量以及当日气温情况。在蒸养达到强度后，对蒸养时间进行下调，节约成本。如果蒸养未达到要求强度，则对蒸养时间适当延长。

③ 通过日常积累数据，更合理地调整每日的蒸养时间。

（3）成品保护费。

① 根据要求切割木方，并使用于摆放，直立摆放墙板使用的木楔子严禁使用完好木方切割。切割木方需要经过主管签字方可切割。

② 发出构件携带的木方及时回收，并对厂内倒运剩余木方回收统一堆放。严禁木方随意摆放。

③ 对覆盖构件的塑料布及时回收保养存放，以增加使用寿命，减少重新采购频次。

（4）运输费。

① 优化装车方案，在保证构件质量和运输安全的前提下最大限度地利用载运量。

② 做好与工地的沟通协调工作，尽可能在现场存放，以减小发车压力，同时可保证装车方案的实现。

## 五、综合管理费的构成与控制

在前文的综合单价表中综合管理费属于期间费用，是指企业当期发生的，与具体产品和工程没有直接联系，必须从当期收入中得到补偿的费用。由于期间费用的发生仅与当期实现的收入相关，因而应当直接计入当期损益。期间费用主要包括管理费用、财务费用和营业费用。

### 1. 综合管理费的构成

（1）管理费用。

管理费用是指企业行政管理部门为管理和组织经营活动而发生的各项费用，包括：

① 管理人员工资：管理人员的计时工资、奖金、津贴补贴、加班加点工资及特殊情况下支付的工资等。

② 办公费：企业管理办公用的文具、纸张、账表、印刷、邮电、书报、办公软件、会议、烧水和集体取暖等费用。

③ 差旅交通费：职工因公出差、调动工作的差旅费、住勤补助费，市内交通费和误餐补助费，职工探亲路费，劳动力招募费，管理部门使用的交通工具的油料、燃料等费用。

④ 工具用具使用费：管理使用的不属于固定资产的生产工具、器具、家具、交通工具和检验、试验、消防用具等的购置、维修和摊销费。

⑤ 劳动保险和职工福利费：由企业支付的职工退职金、按规定支付给离休干部的经费，集体福利费、夏季防暑降温、冬季取暖补贴、上下班交通补贴等。

⑥ 劳动保护费：企业按规定发放的劳动保护用品的支出，如工作服、手套、防暑降温饮料以及在有碍身体健康的环境下施工的保健费用等。

⑦ 工会经费：企业按《工会法》规定的全部职工工资总额集体的工会经费。

⑧ 财产保险费：施工管理用财产、车辆等的保险费用。

⑨ 职工教育经费：按职工工资总额的规定比例计提，企业为职工进行专业技术和职业技能培训，职工职业技能鉴定、职业资格认定以及根据需要对职工进行各类文化教育所发生的费用。

⑩ 税金：企业按规定缴纳的房产税、车船使用税、土地使用税、印花税等。

⑪ 其他费用：包括技术转让费、技术开发费、业务招待费、绿化费、广告费、公证费、法律顾问费、审计费、咨询费、保险费等。

（2）财务费用。

财务费用是指企业为生产施工筹集资金或提供预付款担保、履约担保、职工工资支付担保等所发生的费用，包括应当作为期间费用的利息支出（减利息收入）、汇兑损失（减汇兑收入）、相关的手续费以及企业发生的现金折扣或收到的现金折扣等内容。

① 利息支出：利息支出主要包括企业短期借款利息、长期借款利息、应付票据利息、票据贴现利息、应付债券利息、长期应引进国外设备款利息等利息支出。

② 汇兑损失：企业向银行结售或购入外汇而产生的银行买入、卖出价与记账所采用的汇率之间的差额，以及月（季、年）度终了，各种外币账户的外向期末余额，按照期末规定汇率折合的记账人民币金额与原账面人民币金额之间差额等。

③ 相关手续费：相关手续费是指企业发行债券所需支付的手续费、银行手续费、调剂外

汇手续费等，但不包括发行股票所支付的手续费等。

④ 其他财务费用：包括融资租入固定资产所发生的融资租赁费用等。

（3）销售费用。

销售费用是指企业在销售产品、自制半成品和提供劳务等过程中发生的费用，包括由企业负担的包装费、运输费、广告费、装卸费、保险费、委托代销手续费、展览费、租赁费（不含融资租赁费）和销售服务费、销售部门人员工资、职工福利费、差旅费、办公费、折旧费、修理费、物料消耗、低值易耗品摊销以及其他经费等。

### 2. 综合管理费的控制

综合管理费包括管理费用、财务费用和销售费用，各企业对综合管理费的控制大致相同，通常采用指标控制的方式进行把控。

## 六、利润、税金的构成与控制

### 1. 利润、税金的构成

① 利润。

② 税金：增值税+营业税+教育费附加以及地方教育费附加。

### 2. 利润、税金的控制

① 行业定额如有规定按规定执行。

② 企业根据市场及自身情况自行计取。

③ 税法规定，企业无自主空间，但在国家实施“营改增”之后，可抵扣部分增加，相比于从前有所降低。

## 思考题

1. 简述定额模式和清单模式下的预制构件的造价构成。
2. 简述预制构件材料费的构成及控制措施。
3. 试述混凝土消耗量控制的具体措施。
4. 从量价分离的角度分析模具摊销费的控制。
5. 预制构件机械费的构成及控制措施。

# 第八章　构件安全生产与职业健康管理

预制构件工厂在生产与运输的过程中，存在影响安全生产以及人员职业健康的因素，构件预制厂必须依据“安全第一，预防为主”的原则及劳动安全和卫生的标准，积极采取切合实际、经济合理、行之有效的措施，设置必要的劳动安全、卫生设施，为工厂创造一个安全、文明的劳动环境。

## 第一节　安全管理组织机构与岗位职责

预制构件生产厂的安全生产管理需要建立安全管理体系，组建安全生产管理机构，配备安全管理人员，符合建筑施工企业安全生产管理相关文件以及个地方主管部门的相关要求。

### 一、安全生产管理机构

为了保障预制工厂安全生产管理工作的正常运行，应结合预制工厂组织机构的设置情况（图 8-1），建立安全生产管理机构，将安全管理工作贯穿于预制工厂的日常管理和生产的各个环节。厂长全面负责工厂的安全管理工作。

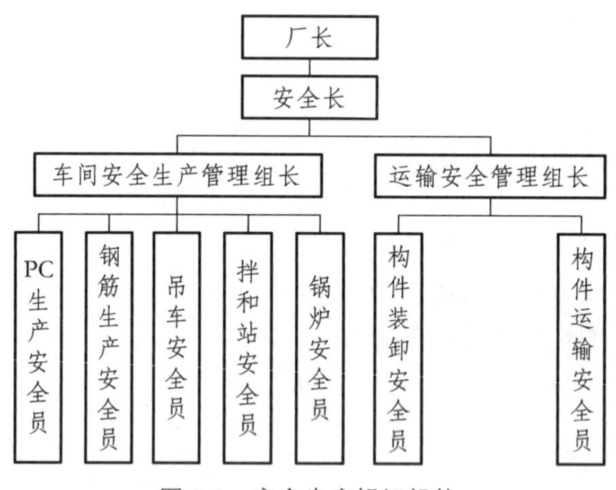


图 8-1　安全生产组织机构

预制工厂的安全管理人员的配备数量应符合现行的《建筑施工企业安全生产管理机构设置及专职安全生产管理人员配备办法》以及各地方主管部门相关要求。安全生产管理人员要具备胜任预制构件安全生产工作的能力，并经有关主管部门的安全生产知识和管理能力考核合格，持有上岗证。

## 二、安全管理岗位职责

预制工厂实行安全生产责任制，各级管理层、各部门及作业人员应各司其职，各负其责。

### （一）厂长安全职责

厂长是预制工厂安全生产的主要责任人，对本单位的安全生产，依法负有下列职责：

（1）建立健全工厂安全生产责任制，组织制定并督促工厂安全生产管理制度和安全操作规程的落实。

（2）依法设置工厂安全生产管理机构，确定符合条件的分管安全生产负责人和技术负责人，并配备安全生产管理员。

（3）定期研究布置工厂安全生产工作，接受上级对构件安全生产工作的监督。

（4）督促、检查工厂中构件生产线、钢筋生产线、拌和站的安全生产工作，及时消除生产安全事故隐患。

（5）组织开展与构件生产预制有关的一系列安全生产教育培训、安全文化建设和班组安全建设工作。

（6）依法开展工厂安全生产标准化建设、检查、整改、取证工作。

（7）组织实施防治电焊工肺尘埃沉着病、电光性皮炎、电光性眼炎、锰中毒和金属烟热，预防噪声性耳聋等职业病防治工作，保障车间内从业人员的职业健康安全。

（8）组织制定并实施用电、用气、锅炉蒸汽、机械设备使用等安全事故应急救援预案。

（9）及时、如实报告事故，组织事故抢救。

### （二）安全长、车间安全管理人员职责

工厂安全长、车间安全管理人员按照分工抓好主管范围内的安全生产工作，对主管范围内的安全生产工作负领导责任。

（1）认真学习贯彻《安全生产法》《建设工程安全生产管理条例》和《劳动合同法》及相关安全法规、标准和规章制度，熟悉构件生产线、钢筋加工生产线的生产安全操作规程等强制性条款，负责拟订相关安全规章制度、安全防护措施、应急预案等。

（2）掌握预制构件预制生产工艺中相关专业知识和安全生产技术，监督相关安全规章制度的实施，参与相关应急预案的制订和审核。

（3）组织预制工厂内构件生产、运输、储藏，钢筋加工，混凝土拌和运输，锅炉管理、蒸汽使用人员的安全教育培训、安全技术交底等工作。根据生产进展情况，对构件生产线和钢筋加工生产设备、起重工具、运输机械、混凝土拌和设备、锅炉蒸汽管道的安全装置、车间内的作业环境等进行安全大检查。

（4）负责厂区内构件生产线、钢筋加工生产线、锅炉房、拌和站、堆场龙门吊、配电房等危险部位和危险源安全警示标志的设置，参与文明车间达标创建的实施管理。

（5）建立构件安全生产台账并管理各类安全文件、资料档案。

（6）保持工厂安全管理体系和安全信息系统的有效运行，制订工厂施工生产安全事故应急预案并组织演练。

## （三）班（组）长安全生产责任

预制工厂内的预制构件生产预制、构件运输、钢筋加工、混凝土拌和班组长，承担各自工作范围内的安全生产职责。

（1）带领本班（组）作业人员认真落实上级的各项安全生产规章制度，严格执行安全生产规范和操作规程，遵守劳动纪律，制止“三违”（即违章指挥、违章作业、违反操作规程）行为。

（2）服从车间和工厂管理层的领导和安全管理人员的监督检查，确保安全生产。

（3）认真坚持“三工”（即工前交代、工中检查、工后讲评）制度，积极开展班（组）安全生产活动，做好班（组）安全活动记录和交接班记录。

（4）配备兼职安全员，组织在岗员工的安全教育和操作规程学习，做好新工人的岗位教育，检查班组人员正确使用个人劳动防护用品，不断提高个人自我保护能力。

（5）经常检查班组作业现场安全生产状况，维护安全防护设施，发现问题及时解决并上报有关车间主任和相关负责人。

（6）发生人身伤亡事故要立即组织抢救，保护好现场，并立即向上级报告事故情况。

（7）对因违章作业、盲目蛮干而造成的人身伤亡事故和经济损失负直接责任。

## （四）专（兼）职安全员安全生产责任

（1）专（兼）职安全员在班（组）长的领导下进行具体的安全管理工作。

（2）协助班（组）长落实安全生产规章制度与防护措施，并经常监督检查，抓好落实工作。

（3）及时发现和制止“三违”行为，纠正和消除人、机、物及环境方面存在的不安全因素。

（4）及时排除危及人员和设备的险情，突遇重大险情时有权停止施工，并及时向上级管理者报告。

（5）专（兼）职安全员必须持有有关部门颁发的安全员证，上岗时必须佩戴标识。

（6）对因工作失职而造成的伤亡事故承担责任。

## （五）操作人员安全生产责任

（1）在班（组）长的领导下学习所从事工作的安全技术知识，不断提高安全操作技能。

（2）自觉遵守构件生产线、钢筋加工线、锅炉、拌和站、配电房的安全生产规章制度和操作规程，按规定穿戴劳动防护用品。在工作中做到“不伤害他人，不伤害自己，不被他人伤害”，同时劝阻制止他人违章作业。

（3）从事特种作业的人员要参加专业培训，掌握本岗位操作技能，取得特种作业资格后持证上岗。

（4）对生产现场不具备安全生产条件的，操作人员有义务、有责任建议改进。对违章指挥、强令冒险行为，有权拒绝执行。对危害人身生命安全和身体健康的生产行为，有权越级检举和报告。

（5）参与识别和控制与工作岗位相关的危险源，严守操作规程，做好各项记录，交接班时必须交接安全生产情况。

（6）对因违章操作、盲目蛮干或不听指挥而造成他人人身伤害事故和经济损失的，承担直接责任。

（7）正确分析、判断和处理各种事故隐患，把事故消灭在萌芽状态。如发生事故，要正确处理，及时、如实报告，并保护现场，作好详细记录。

## 第二节　预制工厂安全生产管理

### 一、生产安全管理规定

为了加强预制工厂的安全生产工作，保障员工的人身安全，确保构件正常生产，预制生产工厂必须依据国家和地方有关部门文件的规定，制定构件安全生产的相关规定。

（1）工厂各部门必须建立健全各自的安全生产的各项制度和操作规程。

（2）对工厂员工必须进行生产安全教育，并填写教育记录存档。车间员工上岗前，必须对员工进行安全操作培训，经考试合格后才可独立操作。

（3）工厂为从事预制生产作业的人员提供必要的安全条件和防护用品，并购买人身保险。

（4）操作人员有权拒绝执行管理人员的违章指挥和强令冒险作业的工作指令。

（5）生产人员必须严格遵守操作规程进行作业生产。

（6）设备安全防护装置必须始终处于正常工作状况，任何人不得拆除设备安全防护装置。设备安全防护装置不能正常工作时，不准开机运行。

（7）禁止在生产车间内、办公楼和宿舍楼内乱拉电线、乱接电器设备。非专业人员严禁从事排拉电线、安装和检修电器设备工作。发生用电故障时，必须由电工进行修理，并认真执行设备检修期间的停送电规定。

（8）严禁无证人员从事电、气焊接，锅炉，生产线压力容器以及厂内车辆的驾驶等工作。

（9）生产车辆严格按照划定的车辆行驶路线和指示标识，在厂区和车间内行驶和停放。不得超速和越界行驶，严禁酒后驾驶。非生产车辆进入厂区后，严格按照厂区内划定的车辆行驶路线和指示标识行驶和停放。不得进入生产车间，不得超速和越界行驶。

（10）在工厂指定的地点吸烟。严禁在车间工作区域吸烟，特别是有易燃易爆品的区域。

### 二、安全培训

安全知识教育主要从预制工厂基本生产概况、生产预制工艺方法、危险区、危险源及各类不安全因素和有关安全生产防护的基本知识着手，进行安全技能教育。

结合工厂内和车间中各专业的特点，实施安全操作、规范操作技能培训，使受培训的人员能够熟悉掌握本工种安全操作技术。

在开展安全教育的活动中，结合典型的事故案例进行教育。事故案例教育可以使员工从具体事故中吸取教训，预防类似事故的发生。

案例教育可以激发工厂员工自觉遵纪守法，杜绝各类违章指挥、违章作业的行为。

## （一）安全培训内容

（1）进工厂的新员工必须经过工厂、车间、班组的三级安全教育，考试合格后上岗。

（2）员工变换工种，必须进行新工种的安全技术培训教育后方可上岗。

（3）根据工人技术水平和所从事生产活动的危险程度、工作难易程度，确定安全教育的方式和时间。

（4）特殊工种必须经过当地安监局、技术监督局的安全教育培训，考试合格后持证上岗。

（5）每年至少安排二次安全轮训，目的是不断提高预制工厂安全管理人员的安全意识和技术素质。

（6）预制工厂具体安全培训内容：

① 预制构件生产线生产安全（模台运行、清扫机、划线机、振动台、赶平机、抹光机等设备安全）、钢筋加工线安全、拌和站生产安全、桥式门吊和龙门吊吊运安全，地面车辆运行安全、用电安全、构件养护和冬季取暖锅炉管道安全等。

其中预制构件生产线生产安全包含模台运行安全，清扫机、划线机、布料机、混凝土输送罐、振动台、赶平机、拉毛机、抹光机等设备的使用安全，码垛机的装卸安全，翻板机的负载工作安全，各类辅助件安全（扁担梁、接驳器、钢丝绳、吊带、构件支架等）。

堆场龙门吊安全管理中除了吊运安全以外，还要防止龙门吊溜跑事故。在每日下班前，一定实施龙门吊的手动制动锁定并穿上铁鞋进行制动双保险后，方可离开。

② 预制构件安全：要按照技术规范要求起运、堆放预制构件。要进行构件吊点位置和扁担梁的受力计算、构件强度达到要求后方可起吊。正确选择堆放构件时垫木的位置，多层构件叠放时不得超过规范要求的层数与件数等。

③ 生产车间、办公楼与宿舍楼消防安全管理：主要是指用电安全、防火安全。依据《中华人民共和国消防法》《建设工程质量管理条例》《建设工程消防监督管理规定》（公安部第 106 号令）中的消防标准进行土建施工，合法合理地布置安装室外消防供水、室内消防供水系统、自动喷淋系统、消防报警控制系统、消防供电、应急照明及安全疏散指示标志灯、防排烟系统，满足公安机关消防验收机构的验收要求。

（7）厂区交通安全规定。

① 车辆进出管理

允许进出厂区的机动车辆：砂石料、水泥、钢筋等物资原材料的送货车辆，预制构件提货、送货车辆，生产设备检修维修车辆，生活与生产垃圾清运车辆，消防、救护车辆，其他经工厂办公室批准可以进入厂区的车辆。凡要进入厂区的机动车辆，必须有行驶证、车牌号，驾驶员必须随身携带驾驶证，经工厂办公室登记备案，签订安全协议并进行安全交底后方可准许进入厂区。

② 车辆的行驶管理。

进入工厂的送货、提货的运输车辆必须走物流门进出厂区，其他车辆走厂区大门进出。

进入厂区的机动车辆凭机动车辆入厂通行证在厂区内划定的路线内行驶，在规定的区域内停靠。

机动车辆靠右行驶，不争道、不抢行。厂区内行驶的机动车辆掉头、转弯、通过交叉路口及大门口时应减速慢行，做到“一慢、二看、三通过”。

让车与会车：载货运输车让小车和电车先行，大型车让小型车先行，空车让重车先行，消防、救护车等车辆进厂在执行任务时，其他车辆应迅速避让。

工厂区内机动车的行驶速度：机动车辆在厂区行驶速度不得超过 15 km/h，冰雪雨水天气时行车速度不得超过 10 km/h，进出厂区门、车间、砂石堆料仓、电子衡、构件堆场时的时速不得超过 5 km/h。

③ 车辆的停放。

厂区内的机动车辆必须停在车库或划定的停车位内。

路口转弯处、路中央、车间门口、生产区域、堆场内不准停车，消防设备和消防栓前 2 m 内不准停车。不得占用消防通道。

④ 车辆的承载。

厂区内行驶的机动车辆，严禁人货混载，严禁超载。

厂区所有机动车辆必须进行定期检查和日常维护保养，并建立台账。

⑤ 驾驶人员管理。厂区内的各种机动车辆驾驶员都必须持有驾驶证，无驾驶证者不得驾驶车辆。

驾驶员要自觉遵守工厂交通规则和管理制度，按厂区交通标志行驶，服从工厂相关部门管理、监督和检查。

驾驶员应按照工厂规定参加安全学习，积极参加各种安全教育活动。

不准驾驶机件失灵车辆和违章装载的车辆。

驾驶中严禁吸烟、饮食、闲谈，不得私自将机动车交给其他人员驾驶。

严禁酒后驾驶，驾驶员有权拒绝违章行车的指令。

### （二）安全培训形式

（1）安全教育、培训可以采取多种形式进行。如举办安全教育培训班，上安全课，举办安全知识讲座。既可以在车间内实地讲解，又可以走出去观摩学习其他安全生产模范单位的构件生产线的安全生产过程，也可以请安全生产管理的专家、学者进行预制构件安全生产方面的授课，还可以请公安消防部门具体讲解消防安全的案例。

（2）在工厂内采取举办图片展、放映电视科教片、办黑板报、办墙报、张贴简报和通报、广播等各种形式，使安全教育活动更加形象生动，通俗易懂，使员工更容易理解和接受。

（3）采取闭卷书面考试、现场提问、现场操作等多种形式，对安全培训的效果进行考核，不及格者再次学习补考，合格者持证上岗。

## 三、安全生产检查

通过定期和不定期的安全检查，督促工厂各项安全规章制度的落实，及时发现并消除安全生产中存在的安全隐患，保障预制构件的安全生产。为了加强安全生产管理，安全检查应覆盖预制工厂所有部门、生产车间、生产线。

### （一）日常安全检查

（1）构件生产线和钢筋生产线的每个作业班组，是否严格执行班中的巡回检查和交接班检查，是否进行生产设备和工器具的检查；生产线中设备的高压气泵、液压油位是否正常；操控室和设备上的各种仪表显示是否正常；翻板机液压系统是否漏油；码垛机的钢丝绳是否顺直，有无扭结现象，钢丝绳的断丝根数是否超限；配电柜的使用是否规范；等。

（2）拌和站拌制混凝土过程中，是否有作业班次之间的交接班记录；拌和前有无对拌和锅、配料机、输送带的安全检查；拌和后清理拌和锅时，是否有人现场安全值班，并关闭主电源和锁闭操控室；夜间拌制混凝土时，封闭料仓内的照明是否满足装载机安全行驶要求；混凝土输送料斗的放料门闭合是否严密等。

（3）如在日常安全检查中发现事故隐患，要及时下发整改通知单，督促被检查车间和班组及时整改，消除安全隐患，确保工厂的安全生产。

（4）车间内各班组在生产前要进行安全隐患自查。

### （二）安全检查内容

（1）日常安全检查一方面检查工厂内用电、设备仪表、生产线运行、起重机吊运构件、车间内与室外的构件运输、设备操作规程等情况；另一方面，还要检查人员持证上岗情况、各种安全设施和设备是否完善、安全标志标识的悬挂位置是否正确和数量是否齐全、劳动纪律、防火器具的摆放位置与有效期限、个人防护用品（具）的保管和使用等。

（2）要根据季节特点，进行各有侧重的安全检查。例如：春季多大风天气，要防火、防龙门吊溜跑脱轨；夏季酷热多雨，要防暑、防食物中毒、防汛、防雷击；秋季干燥多风，要防火、防静电、防龙门吊溜跑脱轨；冬季寒冷雨雪天气，要防蒸汽管道爆裂、防冻、防滑。

（3）专项安全检查：一般要进行安全用电、防火、防雷的安全检查，还要进行安全防护装置的安全检查。

（4）节假日的安全检查主要是对节日安全、保卫、消防、生产装置等进行安全检查。要开展好工厂各项安全生产活动，抓好“安全月”“安全周”等竞赛活动，使安全生产警钟长鸣，防患于未然。

（5）对在日常检查、季节检查、专项检查、节假日检查中发现的隐患，要立即开具《事故隐患整改通知书》，在规定的整改期限内整改，并对整改情况进行复查。危及安全生产的严重隐患，要立即停工整改。安全隐患整改不彻底的，不得恢复生产。

## 第三节　生产设备安全操作

### 一、构件生产线设备操作安全措施

构件生产线翻板、清扫、喷涂、振捣等工位的作业和操作人员，必须经过设备安全操作规程的严格培训，考核合格后上岗。

电工、电焊、起重等操控人员需要取得特种作业证，方可上岗。

构件生产线翻板、清扫、喷涂、振捣等设备作业前，应检查设备各部件功能是否正常，线路连接是否可靠。

在距离设备安全距离外设隔离带，工作区与参观通道隔离，非工作人员不得进入工作区。

机器作业时不允许移除、打开或者松动任何保险丝、三角带和螺栓。

构件生产线的各设备在每天工作结束后要及时关闭电源，并定期维护和保养设备。

1. 翻板机

翻板机工作前，检查翻板机的操作指示灯、夹紧机构、限位传感器等安全装置工作是否正常。侧翻前务必保证夹紧机构和顶紧油缸将模台固定可靠。

在翻板机工作过程中，侧翻区域严禁站人，严禁超载运行。

2. 清扫机

第一次操作前调节好辊刷与模台的相对位置，后续不能轻易改动。

作业时，注意不得将辊刷降至与模台抱死的状态，否则会使电机烧坏。

清扫机工作过程中，禁止触摸任何运动装置，如辊刷、链轮等传动件；禁止拆开覆盖件，或在覆盖件打开时，禁止启动清理机。

清理模台时，任何人不得站立于被清理的模台上。除操作人员外，工作时禁止闲人进入清扫机作业范围。

工作结束后关闭电源，定期清理料斗中的灰尘。

3. 隔离剂喷涂机

隔离剂喷涂机工作过程中，需检查喷涂是否均匀。若不均匀需及时调整喷头高度、喷射压力。调试设置好之后不得再更改触摸屏上的参数。

注意定期回收油槽中隔离剂，避免污染周边环境。

定期添加隔离剂，添加隔离剂前先释放油箱压力。

4. 混凝土输送机

作业人员进入作业现场，须穿戴好劳动保护。运转中遇有异常情况时，按急停按钮，先停机检查，排除故障后方可继续使用。

在混凝土输送机工作过程中，严禁用手或工具伸入旋转筒中扒料、出料。禁止料斗超载。

人员在高空对设备进行维修或其他作业时，必须停止高空其他设备工作，谨防被其他设备撞伤。

每班工作结束后关闭电源，清洗筒体。

5. 布料机

在布料机工作时，禁止打开筛网；作业时，严禁用手或工具伸入料斗中扒料、出料；禁止料斗违规超载；每班工作结束后关闭电源，清洗料斗。

6. 振动台

模台振动时，禁止人站在模台上工作，与振动体保持距离。

禁止在模台停稳之前启动振动电机，禁止在振动启动时进行除振动量调节之外的其他动作。

振动台工作时，作业人员和附近工人要佩戴耳塞等防护用品，做好听力安全防护，防止振动噪声，造成听力损伤。

必须严格按规定的先后顺序进行振动台操作。

7. 模台横移车

模台横移车负载运行时，前后严禁站人；运行轨道上有混凝土或其他杂物时，禁止横移车运行。除操作人员外，工作时禁止他人进入横移车作业范围。

两台横移车不同步时，需停机调整，禁止两台横移车在不同步情况下运行。

必须严格按规定的先后顺序进行操作。

8. 振动赶平机

振动板在下降的过程中，任何人员不得再在振动板下部作业。振动赶平机在升降过程中，操作人员不得将手放入连杆和固定杆之间的夹角中，避免夹伤。作业时，注意不得将振动赶平机作业杆降至与模台抱死的状态。

除操作人员外，工作时禁止闲人进入振动赶平机作业范围。

9. 预养护窑

检查预养窑的汽路和水路是否正常，连接是否可靠。

预养窑开关门动作与模台行进的动作是否实现互锁保护。

预养护时，禁止闲杂人员进入设备作业范围，特别是前后进出口的位置。

10. 抹光机

开机前，检查升降焊接体与电动葫芦连接是否可靠。

作业前，检查抹盘连接是否牢固，避免旋转时圆盘飞出。

抹光作业时，禁止闲杂人员进入设备作业范围。

11. 立体养护窑

检查立体养护窑的汽路和水路是否正常。

养护窑开关门动作与模台行进的动作是否实现互锁保护。

检修时，请做好照明及安全防护，防止跌落。

通过爬梯进入养护窑顶部检修堆垛机时要做好安全保护。

养护作业时，禁止闲杂人员靠近养护窑。

12. 堆垛机

堆垛机工作时，地面围栏范围内严禁站人，防止被撞和被压而发生人身安全事故。

操作机器前务必确保操作指示灯、限位传感器等安全装置工作正常。

重点检查钢丝绳有无断丝、扭结、变形等安全隐患。

在堆垛机顶部检修时，需做好安全防护，防止跌落。

严禁超载运行。

### 13. 中央控制系统

检查中央控制系统各部件功能、网络是否正常，连接是否可靠。

模台流转时，禁止闲杂人员进入作业范围内。

### 14. 拉毛机

严格按操作流程规定的先后顺序进行操作，拉毛机作业时，严禁用手或工具接触拉刀。工作前，先行调试拉刀下降装置。根据预制构件的厚度不同，设置不同的下降量，保证拉刀与混凝土面的合理角度。

禁止闲杂人员进入作业范围内。

### 15. 成品转运车

启动前，检查成品转运车各部件功能是否正常，连接是否可靠。

成品转运车工作时，严禁将工具伸入转运车轮子下面，禁止闲杂人员进入转运车作业范围内。

### 16. 模　台

模台运行流水线工作时，操作人员禁止站在感应防撞导向轮导向方向进行操作；模台上和两个模台中间严禁站人。

模台运行前，要先检验自动安全防护切断系统和感应防撞装置是否正常。

### 17. 导向轮、驱动轮

在流水线工作时，操作人员禁止站在导向轮、驱动轮导向方向进行操作。

勿让导向轮承受非操作范围内的应力，单个导向轮承受到的重量不能超过其承载能力。

驱动模台前检查驱动轮减速箱内是否有润滑油，模台行走时不得有其他外力助推。

每班次收工后，需清扫干净驱动轮上的污物。

### 18. 车间构件转运车

作业时，严禁将手或工具伸入转运车轮子下面。

构件转运车的轨道或行进道路上不得有障碍物。

除操作人员外，禁止他人在工作时间进入转运车作业范围内。

注意装载构件后的车辆高度，不得超出车间进出门的限高。

运输时应遵循不超载、不超速行驶等安全输运的要求。

## 二、拌和站设备操作安全措施

### 1. 作业前的检查

（1）搅拌站的操作人员能看到拌和站所属各部位的工作情况，仪表、指示信号准确可靠，电动搅拌机的操纵台应垫上橡胶或干燥木板。

（2）检查传动机构、工作装置、制动器是否牢固可靠，大齿圈、皮带轮等部位是否设了防护罩。

（3）骨料规格应与搅拌机的拌和性能相符，超出许可范围的不得作业。

（4）应定期向大齿圈、跑道等转动磨损部位加注润滑油（脂）。

（5）正式作业前，先进行空车运转，检查搅拌筒或搅拌叶的转动方向，待各工作装置的操作制动正常后，方可作业。

### 2. 作业中注意事项

（1）进料时，严禁将头或手伸入料斗与机架之间察看或探摸进料情况；运转中不得将手或工具伸入搅拌筒内抓料或出料。

（2）输送料斗运行时，严禁在其下方工作或穿行。

（3）向搅拌筒内加料应在运转中进行。添加新料必须先将搅拌机内原有的混凝土全部卸出后进行。不得中途停机或在满载荷时启动搅拌机，反转出料者除外。

（4）机械作业过程中，如发现故障不能继续运转时，应立即切断电源，将搅拌筒内的混凝土清除干净，然后进行检修。

### 3. 作业后注意事项

（1）作业结束，应对搅拌机进行全面清洗。

操作人员如需进入筒内清洗时，必须切断电源，设专人在外监护，或卸下熔断器并锁好电闸箱，方可进入作业。

（2）搅拌机长期停放时，轮轴端部应做好清洁和防锈工作。

（3）冬季作业后应将水泵和水管道内的存水放尽，防止设备冻裂。

## 三、钢筋生产线操作安全措施

### 1. 钢筋生产线安全操作措施

（1）钢筋生产线的操作人员必须经过严格培训后上岗。

（2）在使用设备之前必须确认地线已经根据电路图进行可靠连接。

（3）按照钢筋生产加工要求，进行放线架的接气和接电。如果有两个或两个以上的放线架，必须把它们连接在一起。

（4）设备处于自动工作的状态时，必须有一人现场监管。

（5）当设备工作或与设备连接的部分工作时，不得用手触摸正在加工的钢筋和其他运动部件。

（6）因盘条原料的尾部会产生飞溅，所以在生产期间，当盘条原料即将用完时要非常小心，要将工作速度降到最小值，并确认放线架附近没有人。

（7）严禁在设备工作时穿越生产线，更不得在机器附近跑动。

### 2. 钢筋生产线检修、维护安全措施

（1）定期检查液压和气路系统全部管道和接口有无泄漏及损伤，如有应立即修复。维修之前，整个系统必须减压。

（2）如果需要检查设备的内部，要在长时间设备冷却后方可进行。在冷却之前，不要触摸电机和其相连接的部件，以免烫伤。

（3）一旦设备功能受到损害，应马上中断工作，冷却设备后进行检修。

（4）当进行设备维护、更换零件、维修、清洁、润滑或调整等操作时，必须切断主电源。

### 3. 职业健康安全保护措施

（1）在工作过程中使用护耳塞。

（2）在工作过程中，为防止被钢筋砸伤，工作人员要穿上钢制护趾安全鞋。

（3）使用压缩空气时，佩戴专用保护眼镜。维修时绝不能将喷射口对准人，特别是脸部。

（4）为防止飞溅及灼热的金属颗粒伤害眼睛和皮肤，操作者应穿戴合适的劳保防护用品。焊机操作者要戴好手套，穿好工作服，同时佩戴防护眼镜。

（5）焊接时所产生的火花喷射及熔接后高温的母材可能会引发火灾。熔接后的高温母材，不得放在可燃物附近。焊接场所应配置灭火器，以备不时之需。

（6）为防止衣物和头发被卷进机器，工作人员不准穿宽松衣服，女员工不得披散头发，应将头发束进工作帽内。不得穿戴手镯、耳环、项链等饰品。

（7）钢筋网片、架筋焊接时的大电流会产生强磁场，可能会影响电子设备的功能。严禁带心脏起搏器的人员靠近钢筋生产线。

（8）在焊接过程中，会有粉尘和空气污染，为避免工作场所空气混浊和污染，工作场地要通风或加抽风装置。

## 四、锅炉设备操作、蒸汽管道安全措施

### 1. 锅炉开机

（1）经常检查锅炉燃气压力是否正常，管道阀门有无泄漏，阀门开关是否到位。

（2）试验燃气报警系统工作是否正常可靠。按下试验按钮，观察风机能否启动。

（3）检查软化水系统是否正常，保证软水器处于工作状态，水箱水位正常。

（4）检查锅炉、除污器阀门开关是否正常。

（5）接通电控柜的电源总开关，检查各部位是否正常。发生故障时是否有信号，如果无信号应采取相应措施或检查修理，排除故障。

（6）在升至一定压力时，应进行定期排污一次，并检查炉内水位。

### 2. 运行巡查

（1）开启锅炉电源，监视锅炉是否正常点火运行。检查火焰状态，检查各部件运转的声响有无异常。

（2）巡视锅炉升温状况，大小火转换控制状况是否正常。

（3）巡视天然气压力是否正常稳定，天然气流量是否在正常范围内，判断过滤器是否堵塞。

（4）巡视水泵压力是否正常，有无异响。

### 3. 事故停炉

（1）当发现锅炉本体产生异常现象，安全控制装置失灵时，应立即按动紧急断开按钮，停止锅炉运行。

（2）锅炉给水泵损坏，调解装置失灵时，应按动紧急断开按钮，停止锅炉运行。

（3）当电力燃料方面出现问题时应按动紧急断开按钮。

（4）当有危害锅炉或者人身安全现象时均应采取紧急停炉措施。

（5）临时停电时的安全措施：迅速关闭主蒸汽阀，防止锅炉失水。关闭电源总开关和天然气阀门，关闭锅炉连续排污阀门，关闭供气阀门。按正常停炉顺序，检查锅炉燃料、气、水阀门是否符合停炉要求。

### 4. 蒸汽管道安全措施

（1）在蒸汽使用中，防止由于热膨胀引发超压，蒸汽冷凝导致真空，设备热应力造成设备破裂、损坏等常见的蒸汽安全事故。

（2）蒸汽输送系统容易受到类似水锤的伤害，称为蒸汽锤。蒸汽系统里的水平蒸汽管段的蒸汽冷凝水常会引起水锤。严禁突然关闭管路系统末端的阀门，防止引起水锤。

（3）为防止高压蒸汽的高温烫伤、切削伤害，检查蒸汽管道时，用红外点温枪、挂上布条的木棍或用装有水的塑料瓶进行检查。

（4）操作蒸汽阀门时，应按要求穿戴好个人防护用品，站在蒸汽阀门的侧面进行操作。作业前必须确保已经正确佩戴足够的个人防护用品。

## 五、起吊设备操作安全措施

### 1. 起吊前安全检查

（1）上岗前，查着“交接班记录”，按规定进行检查。

（2）检查设备控制器、制动器、限位器、传动部位、防护装置等是否良好可靠，并按规定加油。

### 2. 起吊安全措施

（1）操作控制器手柄时，必须先从“0”位转到第一挡，然后逐级增减速度。换向时，必须先转回“0”位。当接近卷扬限位器、大小车临近终端或与邻近行车相遇时，速度要缓慢，不准用倒车代替制动、用限位代替停车、用紧急开关代替普通开关。

（2）重吨位物件起吊时，应先稍离地面进行试吊。确认吊挂平稳，制动良好后开车。不准同时操作三只控制手柄。如运行中发生突然停电，必须将开关手柄放置到“0”位。

工作停车时，不得将构件悬在空中停留，运行中发现地面有人或落下吊物时应鸣笛警告，严禁吊物从人头上越过，吊运物件离地面不得过高。

（3）两台起重机运行时要保持安全车距，严禁撞车。

龙门吊遇有大雨、雷击或6级以上大风时，应立即停止工作，切断电源，拧下车轮制动，并在车轮前后用铁垫块（铁鞋）垫牢。

（4）桁吊工必须做到“十不吊”：① 超过额定负荷不吊；② 指挥信号不明、质量不明、光线暗淡不吊；③ 吊绳和附件捆缚不牢，不符合安全要求不吊；④ 桁车吊挂重物直接进行加工不吊；⑤ 歪拉斜挂不吊；⑥ 吊件上站人或工件上放有活动物品不吊；⑦ 氧气瓶、乙炔等爆炸性物件不吊；⑧ 带棱角、未垫好的物品不吊；⑨ 埋在地下的物件不吊；⑩ 未打固定卡子不吊。

3. 停工后事项

（1）吊车应停在规定位置，升起吊钩，小车开到轨道两端，并将各控制手柄置于“0”位，切断电源。

（2）按“清洁制度”保养维护设备。

（3）按“交接班制度”交接工作，并填好“桁车运行记录表”。

## 六、电气焊设备操作安全措施

1. 工作前安全须知

（1）电焊作业人员必须持有“中华人民共和国特种作业操作证”，方可作业。

（2）电焊作业人员必须佩戴符合国家或行业标准的劳动防护用品，方可进行焊制作业。

（3）实施作业前，认真检查焊机和线路的安全技术状况，发现问题应立即整改，必须做好焊接前的所有工作后方可作业。

（4）严禁在带电和带压力的容器上或管道上施焊，焊接带电的设备必须先切断电源。

（5）二氧化碳预热器的外壳应绝缘，端电压不大于 36 V。

（6）雷雨时应停止露天焊接作业。

（7）施焊场地周围应清除易燃易爆物品，或进行覆盖、隔离。

（8）在易燃易爆气体或液体扩散区施焊时，必须经有关部门检验许可后，方可施焊。

（9）不准酒后上班、疲劳上班，不打闹、嬉戏，不违章作业。

（10）焊接贮存过易燃、易爆、有毒物品的容器或管道时，必须清洗干净原容器和管道，并将所有孔口打开后施焊。

2. 焊接时安全要点

（1）电焊机外壳，必须接地良好，由电工进行电源的装拆。

（2）电焊机要设单独的开关，开关应放在防雨的闸箱内，拉合时应戴手套侧向操作。

（3）焊钳与把线必须绝缘良好，连接牢固。更换焊条应戴手套。在潮湿地点工作时，应站在绝缘胶板或木板上。

（4）在密闭金属容器内施焊时，容器必须可靠接地，通风良好，并应有人监护，严禁向容器内输入氧气。

（5）焊接预热工件时，应有石棉布或挡板等隔热措施。

（6）把线、地线禁止与钢丝绳接触，更不得用钢丝绳索或机电设备代替零线，所有地线接头，必须连接牢固。

（7）更换场地移动把线时，应切断电源并不得手持把线，爬梯登高。

（8）清除焊渣或采用电弧气刨清根时，应戴好防护眼镜或面罩，防止铁渣飞溅伤人。

（9）多台焊机在一起集中施焊时，焊接平台或焊件必须接地，并应有隔光板。

（10）工作结束应切断焊机电源，并检查工作地点，确认无起火危险后，方可离开。

## 第四节　职业健康管理与文明生产

根据国家有关改善劳动条件、加强劳动保护的规定，预制厂对粉尘污染、噪声污染以及其他潜在的职业危害和不安全因素，将依据“安全第一，预防为主”的原则及劳动安全和工业卫生的标准，积极采取切合实际、经济合理、行之有效的措施，设置必要的劳动安全、卫生设施，为工厂创造一个安全、文明的劳动环境。

### 一、生产过程中职业危险、危害因素的分析

项目生产过程中存在以下职业危害因素：

构件成型车间：噪声、粉尘、机械打击、局部有高温烫伤可能。

钢筋加工车间：噪声、粉尘、机械打击、电、局部有易燃易爆物品。

（1）机械工作时易对操作者的肢体造成伤害，如压断手指、划破手、磕碰身体其他部位等。输送机等运动部件工作时有掉件和碰撞人体及设备的危险。

（2）熔焊设备工作时产生焊烟和弧光，如果吸入过量焊烟会对人的身体造成危害，弧光有刺伤眼睛或烧伤身体的危险。同时因火花四溅，若防护设施缺陷及措施不当，可能引发火灾。

（3）各种高低压配电装置、电气设备、输电线路及各种电动机械设备，有可能发生触电事故或电气火灾事故。

### 二、职业安全卫生主要防范措施

（1）机械安全。

新增设备设施的各种机械传动装置和运动部件设置安全罩、护网或护栏等安全防护装置设施，安全防护设施要配备齐全、有效，附有运动部件以及容易产生事故的设施和各种公用动力管线的危险部位设置各种相应警示标识。涉及特种设备设施的要按照国家、地方、集团相关法规、文件操作。建立应急救援预案，完善各项安全管理制度。

（2）防机械碰撞。

厂房内工艺设备布置时，留有纵向和横向的通道，通道有明显的标志，产成品和在制品均应有规定的存放位置，以保证通道的畅通。在工位布置上也应注意满足相互间所需的距离要求，以确保安全。道路两侧和醒目地方设安全警示牌。厂内车辆限速行驶。厂区人流、物流分开出入，避免混流带来的安全隐患，防止碰撞伤人。

（3）安全标识。

厂区、车间及设备的各种管线按规定涂识别色及识别符号，并根据具体要求做防腐处理、

保温处理及采取安全防护措施等。凡是容易发生事故的地方、设备，均应设置各种相应的安全标志及涂安全色。

（4）电气安全。

新建厂房等按三类防雷建筑物设置防雷保护设施，且尽量利用建筑物金属结构和自然接地体。利用金属屋面做接闪器，钢柱做引下线，基础内钢筋做接地极。并用镀锌扁钢相互连接，形成良好的接地网。变压器中性点直接接地，联合接地电阻不大于 1 Ω。车间低压配电系统接地形式采用 TN-S。各变电所低压进线及馈出厂房的分支回路处设置 SPD 保护，变压器工作接地、保护接地、防雷接地和等电位接地等共用接地装置，进、出厂房的所有金属管道均与等电位联结线可靠连接，所有用电设备不带电的金属外壳均可靠接地。插座及插座箱采用漏电保护。车间内起重设备的配电采用防护型安全滑触线。

（5）检测报警系统在可能产生可燃、爆炸性危险的场所设置检测报警装置，并与相应的排风设备连锁控制，以保证工厂的安全生产和人员的人身安全。

（6）防火防爆。

厂房设计要符合防火要求，室内外消防网与厂区消防管网连接，水源流量符合防火要求；车间内设备布局充分预留防火通道，按消防规范设置消防器材或装置；认真对职工进行防火教育并组织专业和群众相结合的消防队，定期组织消防演习。厂房、站房及生活间等设置手动报警按钮。

（7）安全防护用品。

为保护企业职工在生产工作中的安全，应制定有关劳动保护用品管理制度，定期为职工发放安全防护用品，特殊岗位发放特定的安全防护用品，如车间人员配发防油、防滑工作鞋，电工配发绝缘胶鞋等。

（8）对危险因素进行监控，配备足够的检测设备和装置，尽量消除危害源。

（9）建立应急处置预案，硬件软件符合要求。

## 三、其他防范措施

### 1. 各车间通风设计与防暑降温

（1）生活区及办公区采暖由市政统一供暖，生产区由自建锅炉房供暖。

（2）通风厂房以自然通风为主。焊接产生有害气体的通过自然通风排出车间。

### 2. 噪声控制

空压站内选用低噪声的螺杆式空压机，其噪声级为 85 dB（A）以下。防治措施是：空压机站间墙体作吸声处理，工作间与控制间（或值班室）分开，空压机吸气管上自带空气消声过滤器，给操作者实施劳动保护；满足《工业企业设计卫生标准》GBZ 1—2010 的要求。

### 3. 生产卫生用室和生活用室

生产卫生用室和生活用室可使用建材园现有配套设施。

4. 职业病防治

定期给职工作身体检查，工厂定期消毒，防止各种疾病的发生；建立事故应急救援预案，保证职工的身体健康；加强职业病防治的管理和建立健全各种安全规章制度，根据不同工作岗位，配备必需的个人防护用品和保健品。

5. 职业安全

设一名专职管理干部负责全厂日常的安全生产管理工作。职业安全卫生监测工作由经济技术开发区监测部门负责，定期监测，保证达标排放。

## 四、文明施工措施

1. 文明施工目标

现场布局合理，环境整洁，物流有序，标识醒目；道路无飞尘、无泥泞、无坑洼；材料堆码整齐、机械设备摆放整齐，生产生活区整齐清洁、伙房餐厅清洁、厕所排污区清洁；水管不漏水、电线不漏电、房屋不漏雨、车辆不漏油；实行工程项目全面标准化管理。

2. 文明施工管理措施

（1）厂区大门设置“八牌两图”，“八牌两图”按照现行标准统一制作，悬挂于醒目位置。

（2）施工现场出入口悬挂“施工重地，闲人免进”的禁止标志，安全帽、上岗证、安全监察人袖标（牌）应符合现行标准的规定。

（3）用电线路、用电设施的安装和使用必须符合安装规范和安全操作规程，严禁任意拉线接电。必须设有保证施工安全要求的夜间照明；危险潮湿场所的照明以及手持照明灯具，必须采用符合安全要求的电压。

（4）保证厂区道路畅通，排水系统处于良好的使用状态；保持场容场貌的整洁，随时清理建筑垃圾。

（5）施工现场的各种安全设施和劳动保护器具，必须定期进行检查和维护，及时消除隐患，保证其安全有效。

（6）遵守国家有关环境保护的法律规定，采取措施控制施工现场的各种粉尘、废气、废水、固体废弃物以及噪声、振动对环境的污染和危害。

## 五、生产环境保护

预制构件生产企业在生产构件时，应严格按照操作规程，遵守国家的安全生产法规和环境保护法令，自觉保护劳动者生命安全，保护自然生态环境。具体应做好以下几点：

（1）在混凝土和构件生产区域采用收尘、除尘装备以及防止扬尘散布的设施。

（2）通过修补区、道路和堆场除尘等方式系统控制扬尘。

（3）制定针对混凝土废浆水、废混凝土和构件的回收利用措施。

（4）设置废弃物临时置放点，并应指定专人负责废弃物的分类、放置及管理工作。废弃物清运必须由合法的单位进行。有毒有害废弃物应利用密闭容器装存并及时处置。

（5）生产装备宜选用噪声小的装备，并应在混凝土生产、浇筑过程中采取降低噪声的措施。

## 思考题

1. 简述构件生产中的“三违”和“三工”的具体内容。
2. 简述安全管理岗位职责主要有哪些?
3. 在构件生产过程中，操作人员的安全生产责任主要有哪些?
4. 预制工厂具体安全培训内容有哪些?
5. 厂区交通安全主要包含哪些规定?
6. 构件生产日常安全检查包含哪些内容?
7. 在构件生产过程中，哪些工种需要取得特种作业证方可上岗?
8. 构件成型车间和钢筋加工车间存在的职业危害因素有哪些?

# 第九章　工厂组织管理

## 第一节　工厂管理机构设置

### 一、工厂管理组织机构

预制工厂管理组织机构要根据企业自身的管理模式进行设定，并制定相应的职责。比如，某预制工厂设厂长 1 人，下设 5 个管理部门（安全部、生产部、技术质检部、设备部、物资部），如图 9-1 所示。初期管理人员为 30～35 人，开始运营以后根据实际情况逐步增加，以满足管理需要为限。

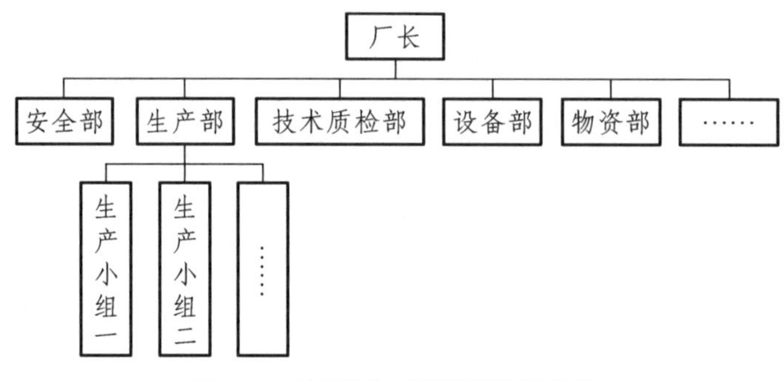


图 9-1　某预制工厂管理组织机构

### 二、职能部门职责与人员配备

一个正规的预制工厂应有以下部门，也可以根据生产任务的多少、企业管理模式的差异进行个性化的调整和岗位合并。但为确保工厂的正常运转和产品质量，部门管理职责不能缺失。

（1）办公室、研发设计部、生产管理部、实验室、安全质量部、计划合同部、经营销售部、财务部、物资保障部、设备维护部。

（2）预制构件生产车间（含钢筋生产线、拌和站）：混凝土拌和班组、钢筋生产班组、模板整修组装班组、钢筋网片运输安装班组、构件混凝土运输浇筑班组、构件生产班组（赶平、抹光、养生、起吊、运输等）、机械维修班组。

某预制工厂各部门职责分工及人员组成见表 9-1。

表 9-1　某预制工厂部门职责分工及人员数量

| 部门名称 | 部门职责 | 人员组成 | 人数 |
|---|---|---|---|
| 办公室 | 工厂日常管理、上下级接洽、党务工作、工会工作、出差考勤等 | 主任、副主任、部员、司机等 | 5人 |
| 研发设计中心 | 装配式建筑的结构设计、预制生产工艺设计、安装施工工艺设计、BIM技术应用 | 主任、建筑、结构、水、电等设计工程师、BIM建模师等 | 10人 |
| 生产管理部 | 预制构件预制生产、装配施工、产品存放管理、生产进度管控、实验室管理等 | 部长、部员 | 3人 |
| 实验室 | 原材料、半成品、成品试验检测，各种配合比设计与优化，现场试验检测等 | 主任、试验员 | 5人 |
| 安全质量部 | 车间安全生产、工厂安全管理、构件预制质量、质量回访、维修等 | 部长、安全工程师 | 3人 |
| 计划合同部 | 下达预制生产计划、合同管理、成本管理、经济效益分析等 | 部长、部员 | 3人 |
| 经营销售部 | 完成销售订单、产品销售、客户回访 | 部长、部员 | 5人 |
| 财务部 | 工资发放、资金管理、参与经济效益分析等 | 部长、出纳 | 3人 |
| 物资保障部 | 各种原材料、辅助件的采购、点验、入库、出库、结余等 | 部长、部员、仓库保管员 | 4人 |
| 设备维护部 | PC生产线、钢筋生产线、拌和站等设备的维护、检修、维护等 | 部长、部员、强弱电工程师、机械工程师 | 4人 |
| 预制构件车间（含拌和站、钢筋生产线） | 构件混凝土拌制、钢筋加工、预制构件生产、养护、运输、存放等 | 车间主任、副主任、技术主管、技术员、质检员、安全员、试验员、材料员、操作手、司机、电工等 | 12人 |
| 注：可根据职能分工和人员素质的实际情况进行部门设置的适当调整、人员组成的适当增减。 | | | 57人 |

## 三、PC车间管理人员岗位职责

1. 车间主任岗位职责

负责全面管理车间生产、质量、安全、进度工作以及拌和站的管理工作。

2. 车间技术主管岗位职责

（1）对预制构件生产技术及生产质量负直接责任，指导生产人员开展有效的技术管理工作。

（2）提出改进预制构件生产质量的目标和措施。

（3）负责预制构件生产过程控制。

（4）负责构件预制生产技术交底并制订构件生产计划。

（5）对构件生产过程质量、安全工作负领导责任并直接指导。

（6）依据预制构件质量目标，制定质量管理工作规划，负责质量管理，行使质量监察职能。

（7）落实工厂预制构件生产中新材料、新技术、新工艺的推广应用工作。

（8）落实工厂质量体系审核，制定本部门不合格项的纠正和预防措施，并进行整改和验证。

### 3. 质检员

（1）负责预制构件生产的质量检查管理工作。

（2）负责预制构件生产过程隐蔽工程检查及预制构件出厂质量检查工作，监控预制构件生产质检工作的具体实施情况，包括技术实施、质量、成品保护等。

（3）及时上报质量问题。

（4）参与预制构件生产中新材料、新技术、新工艺的推广应用工作。

（5）参与质量体系审核，制定本部门不合格项的纠正和预防措施，并进行整改和验证。

### 4. 安全员

（1）负责构件预制生产中的安全管理工作。

（2）编制和呈报安全计划、安全专项方案和制定具体的安全措施。

（3）定期组织安全检查，如有问题及时监督整改。

### 5. 材料员

（1）负责各类辅助件、辅助材料的采购与发放、登记工作。

（2）负责本车间内小型工器具（扁担梁、接驳器、扳手等）的分发、收回等管理工作。

（3）参与预制构件生产中新材料、新技术、新工艺的推广应用工作。

（4）参与质量体系审核，制定本部门不合格项的纠正和预防措施，并进行整改和验证。

### 6. 试验员

（1）负责车间内混凝土、钢筋保温板、拉结件等抽样试验及检测工作。

（2）负责原材料及混凝土质量控制，并对生产质量进行有效的监控。

（3）负责对混凝土及原材料质量情况进行统计分析，定期向主管领导上报资料。

（4）参与预制构件生产中新材料、新技术、新工艺的推广应用试验工作。

（5）参与质量体系审核，制定本部门不合格项的纠正和预防措施，并进行整改和验证。

### 7. 技术员

（1）负责编写下发预制构件生产、钢筋加工的技术交底，监督、检查预埋件的定位及安装。

（2）负责构件生产中各工序质量控制，并做好记录，每天做生产日志。

（3）按生产进度计划的要求，安排工班的工作，并对工班组进行安全、生产技术交底的实施、监督、检查。

（4）参与预制构件生产中新材料、新技术、新工艺的推广应用工作。

（5）参与质量体系审核，制定本部门不合格项的纠正和预防措施，并进行整改和验证。

## 四、激励机制

### 1. 增加精神激励

（1）领导者激励。企业管理者对员工好的表现给予适当的评价，一声亲切的问候、一次有力的握手都将使员工终生难忘，提高对企业的忠诚度。

（2）关心激励。如每逢员工过生日或新婚等，主动为其送上祝福或礼品，一方面可以体现出企业对员工的关心，另一方面可以让员工得到被关注、重视的感觉，进而增强员工对企业的忠诚度。

（3）荣誉激励。对下属员工提出的建议耐心倾听并给予解答，员工好的建议与构想可张榜公布以示奖励，或对工作创新颁发荣誉证书等，调动员工的工作积极性。

#### 2. 注重员工兴趣的激发和培养

企业可根据员工在工作中的实际情况，探索并适时调整员工岗位，更好地发挥员工的个人专长，使员工在工作中充分地体现与实现自我价值，提高员工对工作的热忱度、对企业的认同感和归属感，从而提高员工工作效率。

（1）完善晋升机制，引导员工做好职业生涯规划。

企业必须为员工营造一个良好的工作氛围，引导员工做好与企业发展的相一致的职业生涯规划，建立健全员工晋升机制，制定合理的晋升条件，让员工不断朝着目标努力。

（2）提供学习交流的机会。

定期或不定期给员工提供职业培训的机会，以提高员工的综合素质和专业知识技能，使员工更好地为企业服务。

（3）目标激励。

通过推行目标责任制，将经济指标层层分解落实，每个员工既有目标又有压力，产生强烈的完成目标的动力。

（4）薪酬福利激励。

遵循“能者多劳，多劳多得”的原则，对绩效考核表现好的员工给予奖励或加薪，保证节假日休息时间和相关福利。物质奖励对员工的激励作用见效快且比较直观。

## 五、职业道德与工匠精神

### （一）职业道德

#### 1. 职业道德的概念

职业道德的基本原则是用来指导和约束人们的职业行为的，需要通过具体、明确的规范来体现。职业劳动者必须具有职业道德，才能保持高昂的劳动热情，提高劳动生产率。

#### 2. 职业道德的基本要求

（1）价值观正确。

树立正确价值观，坚持真理，公私分明，为人处事公平公正、光明磊落。

（2）仪表得体。

待人处事要文明礼貌，仪表着装要端庄大方，谈吐言语要规范，举止得体，待人热情。

（3）热爱本职，高尚光荣。

采用装配式施工的先进技术，为整个社会创造生产和生活环境。我们参加了装配式建筑行业这个队伍，应该感到无限的高尚与光荣。

（4）忠实履行岗位职责，认真做好本职工作。

忠实履行岗位职责是国家对每个从业人员的基本要求，也是职工对国家、对企业必须履行的义务。每个人选择职业时可以公平竞争，定岗后就要履行岗位职责。每个从业人员，都要明确自己工作岗位的要求，在工作中认真执行。只要在岗位上工作一天，就要认真履行岗位职责，即使与个人利益发生矛盾时，也应首先保证完成工作任务。

（5）遵纪守法。

遵纪守法指的是每个职业劳动者都要遵守劳动纪律和与职业活动相关的法律、法规。职业纪律是在特定的职业活动范围内从事某种职业的人们要共同遵守的行为准则。作为建筑业的从业人员，更应强调在日常施工生产中遵守劳动纪律。

（6）安全生产。

安全生产就是在建筑施工的全过程中，每一个环节、每一个方面都要注意安全，把安全摆在头等重要的位置。认真贯彻“安全第一、预防为主”的方针，加强安全管理，做到安全生产。

## （二）工匠精神

在我国，建筑业发展已经进入新时代，正在大力推行转型升级，更需要大力弘扬和倡导工匠精神。大到国家行业层面，小到一个具体施工企业都要把坚持弘扬工匠精神作为己任，真正使弘扬工匠精神成为全员共识和时代主旋律，而且必须要坚守好这个主旋律。

### 1. 工匠精神概念

工匠精神概念是指工匠以极致的态度对自己的产品精雕细琢，精益求精，追求更完美的精神理念。

精益求精：注重细节，追求完美和极致，不惜花费时间精力，反复改进。

严谨：一丝不苟，遵守规矩。

专注、敬业：耐心，坚持，在专业领域不断追求进步，专业，对工作执着。

### 2. 工匠精神的核心

工匠精神的核心是不仅仅把工作当作赚钱的工具，而且要树立一种对工作执着，对所做的事情和生产的产品精益求精、精雕细琢的精神。“工匠精神”在企业领导人与员工之间形成了一种文化与思想上的共同价值观，并由此培育出企业的内生动力。

### 3. 预制构件生产对工匠精神的需求

预制构件的生产是保证项目质量的首要因素。在产业发展的现阶段，部分企业过于追求对构件生产的数量和生产工期的要求，资金投入生产线等固定资产的比例很高，而由于同行业竞争的日趋激烈，预制构件存在不理性的价格竞争，企业想方设法降低生产成本，加速生产，从而忽视了构件生产过程中的质量控制，普遍存在“差不多”观念，缺少了对构件质量细致入微的工匠把控精神，构件存在蜂窝、麻面、裂纹、强度不足等现象，影响了工程质量和安全。日本作为装配式建筑应用广泛的国家，对于构件生产质量的把控尤为严格。日本一企业的负责人曾说：“只有生产出高质量的产品，客户才能相信我们，当客户知道你连最细微的事情都能认真处理，那你的产品一定也是最优质的。”正是由于这样的理念，日本企业对于构件生产的细节之处也毫不放过，构件生产均有严格的流程，钢筋的绑扎、加工、边模安置都会反复测量，保证位置的精确；成品质量检测有多道程序，确保出厂的构件产品无质量缺陷。如此工匠精神的存在，让日本的建筑在频发的地震中鲜少倒塌，建筑质量获得了保证。以此为鉴，我们的生产企业要将工匠精神融入构件生产的各个方面，通过严格的质量管理程序和完善的产品检测机制，不放过任何细微质量瑕疵，才是确保构件产品质量的有效途径。

## 第二节　产业工人管理与培训

建筑产品工厂化实现的是预制化、装配式的生产，这就对建筑从业人员的素质提出了很高的要求。从人员培训入手，提高其建筑专业知识水平，以改善建筑业施工人员教育程度低的状况，并实现建筑业从业人员工作的标准化，从而提高住宅的品质。

### 一、产业工人组织方式

装配式建筑带来四大转变：手工生产→机械生产，工地生产→工厂生产，现场制作→现场装配，农民工→产业工人。农民工的工作无专业性，装备、工具简单，劳动强度大，流动性大；而建筑产业工人的工作有专业性，装备、工具先进，稳定性强。预制工厂正需要大量的工人来进行预制构件的生产，这就需要把现在的农民工转变成产业工人，提高他们的技术水平，进而提高建筑业的生产效率。根据国内的实际情况和企业自身的特点，在产业工人的使用管理上，可采取以下方式：

（1）劳务公司根据预制工厂的要求，将农民工培训成合格的产业工人后，预制工厂与劳务公司签订用工协议，工人进厂上岗。

（2）工厂以劳务委派、企业招工的方式，招聘工人进入预制工厂。通过企业自身的培养手段，例如导师带徒、委托培养等，将其培养成合格的产业工人。

### 二、产业工人培训

#### （一）产业工人分类

预制工厂中产业工人分为以下三类：技术工人、特种作业人员、普通工人。PC 生产线及钢筋生产线等岗位产业工人统计见表 9-2。

表 9-2　生产线产业工人统计

| 类别 | 内容 | 等级 |
|---|---|---|
| PC 生产线 | 清理喷涂工位操作手、划线机工位操作手、布料振捣工位操作手、抹光工位操作手、养护翻板工位操作手、拌和站操作手、生产线操控中心操作手、混凝土工、组装拆卸模板工、木工、精细木工、叉车司机、装载机司机等 | 中级、高级 |

续表

| 类别 | 内容 | 等级 |
| --- | --- | --- |
| 钢筋生产线 | 钢筋工、钢筋桁架生产线操作手、钢筋网片生产线操作手、钢筋调直切断机操作手、钢筋弯箍机操作手、叉车司机等 | 中级、高级 |
| 模板加工整修 | 钳工、车工、铣工、磨工、电焊工等 | 中级、高级 |
| 蒸汽锅炉 | 司炉工、锅炉检修工（主机、辅机）、管道检漏工等 | 中级、高级 |
| 其他类 | 电工、电机检修工、电气检修工、试验工、测量放线工、桥式起重机司机、堆放搬运装卸工、架子工等 | 中级、高级 |

## （二）预制工厂中的特种设备及特种作业人员

预制工厂中的主要特种设备包括锅炉、压力容器、压力管道、压力管道元件、起重机械、特种车辆和安全附件等，主要有蒸汽锅炉、PC 生产线和钢筋生产线设备用储气罐、氧气瓶、乙炔气瓶、燃气管道、热力管道、PC 生产线和钢筋生产线用气管道、锅炉房与 PC 生产车间蒸汽管道、管子、PC 生产线和钢筋生产线用气管道的管子、车间内 PC 生产线和钢筋生产线桥式吊、预制构件堆场内门吊、堆场内轮胎汽车吊、车间内及堆场使用的叉车、预制工厂内电瓶车、车间内气割、焊接用安全阀门、PC 生产线和钢筋生产线上的安全阀门等。预制工厂的特种作业人员有起重工（车间、堆场）、电工、电焊工、锅炉工、管道工、叉车司机等。

## （三）产业工人培训

（1）从事这些职业（工种）的人员必须达到相应的职业技能要求，其中的特殊工种必须取得当地安监局和技术监督局考核颁发的相应职业资格证书。预制工厂在与劳动者签订劳动合同时，把从事特殊工种的人员是否持有职业资格证书作为建立劳动关系的一项前提内容。

（2）签订正式用工合同前，组织相关专业管理人员对入厂工人进行实际技能的考核。考核合格者签订劳务用工合同，不合格者退回原单位。

（3）对进场工人进行工作之前的培训。

根据相应的职业要求，对工人进行系统培训，使工人掌握相应技工的技术理论知识和操作技能，全面了解 PC 生产线的生产知识，掌握安全操作要点和车间内的危险源。根据工人特长及兴趣，合理安排岗位，明确岗位职责。

（4）PC 生产线培训人员及培训要点。

① PC 生产线上各岗位人员包括混凝土工、模板工、木工、测量工、电工、电机检修工、电气检修工、生产线各工位操作手等。

② PC 生产线上各岗位培训要点：

了解整个车间内各条生产线的布局、车间管理办法；

掌握 PC 生产线的工艺流程、生产要素、各个生产工位的操作要点；

掌握自己所在生产工位、生产岗位的全部职责和全部工作要求；

掌握自己所在生产工位、生产岗位的危险源管控、安全工作要点。

（5）钢筋生产线培训人员及培训要点。

① 钢筋生产线上的各岗位人员包括电工、电机检修工、电气检修工、钢筋自动加工流水

线操作手等。

② 钢筋生产线上各岗位培训要点：

了解整个车间内各条生产线的布局、车间管理办法；

掌握钢筋生产线的工艺流程、生产要素、各钢筋生产线和钢筋加工设备的操作要点；

掌握自己生产岗位的全部职责和全部工作要求；

掌握自己生产岗位的危险源管控、安全工作要点。

（6）混凝土拌和站培训人员及培训要点。

① 混凝土拌和站各岗位人员包括装载机司机、电工、试验工、拌和站操作室操作手等。

② 混凝土拌和站各岗位培训要点：

了解 PC 生产线与拌和站之间的布局关系和生产运输线路的走向、拌和站管理办法；

了解 PC 生产线的工艺流程、生产要素、与混凝土施工有关系的各生产工位（一次浇筑混凝土、凝捣混凝土、二次浇筑混凝土等）的操作要点；

掌握拌和站拌和混凝土的工艺流程、生产要素，配料机、水泥仓、输送带、混凝土输送料斗等各个生产单元的操作要点；

掌握自己所在混凝土拌和站生产单元、生产岗位的全部职责和全部工作要求；

掌握自己所在混凝土拌和站生产单元、生产岗位的危险源管控、安全工作要点。

（7）锅炉房培训人员及要点。

①锅炉房各岗位人员包括司炉工、锅炉检修工、管道检修工等。

②锅炉房各岗位培训要点：

了解 PC 生产线与锅炉房之间的布局关系和蒸汽管道的走向、锅炉房管理办法；

了解 PC 生产线的工艺流程、生产要素、与混凝土蒸养有关的各生产工位（预养窑、蒸养窑、养护池等）的操作要点；

掌握锅炉房生产高压蒸汽的工艺流程、生产要素，掌握主机、辅机、管道、法兰和阀门等各个组成单元的操作检查要点；

掌握自己所在锅炉房组成单元、生产岗位的全部职责和全部工作要求；

掌握自己所在锅炉房组成单元、生产岗位的危险源管控、安全工作要点。

（8）构件起吊运输培训人员及培训要点。

① 构件起吊运输各岗位人员包括堆放搬运装卸工、起重工、叉车司机、平板车司机等。

② 构件起吊运输各岗位培训要点：

了解整个车间内各条生产线的布局、车间管理办法；

掌握 PC 生产线的工艺流程、生产要素、与构件起吊运输相关的设备和生产工位（翻板机、构件检查、堆场门吊起吊等）的操作要点；

掌握翻板机、桥吊、门吊的操作工作流程，掌握扁担梁、接驳器、钢丝绳和吊装带的使用方法；

桥吊和门吊各部位等各个辅助工器具和设备组成单元的检查要点；

掌握自己所在生产工位、生产岗位的全部职责和全部工作要求；

掌握自己所在生产工位、生产岗位的危险源管控、安全工作要点。

## 三、构件生产厂工人配置

工人根据生产需要灵活调整，与产量和生产工艺对应。项目设定的目标，生产高峰期可能会在 430 人左右。钢筋加工的人数根据钢筋复杂程度、机械化程度不同差别较大。其他辅助人员（实验室、安保、后勤等）根据公司运营状况适当配置，预计人数在 30 人以内。生产车间工人的配置见表 9-3。

表 9-3　构件生产车间工人配置

| 生产单位 | 产量/（$\times 10^4 m^3$） | 工人数量/人 | 备注 |
| --- | --- | --- | --- |
| 构件预制厂车间 | 7.5 以下 | 200～220 | 含钢筋加工等 |
| | 7.5～12 | 220～350 | |
| | 12～15 | 350～430 | |

（1）工厂组织形式和劳动制度。

工厂采取连续生产方式，每天根据市场订单量灵活配置劳动力。生产是可间断的，没有风险。正常情况下实行 24 h 两班生产制度，任务量不足或遇特殊情况则减少作业时间和班组。

（2）全厂总定员及各类人员需要量。

在企业达到满产及正常生产的情况下，根据项目设定的目标，在生产高峰期全厂人数可达到 500 人，其中管理人员 35 人左右，生产工人 430 人左右，辅助人员 30 人左右。

（3）劳动力来源。

项目的管理人员通过内部选派和社会招聘解决，普通工人通过社会招聘解决。

## 思考题

1. 预制构件生产车间可以设置哪些班组？
2. 构件生产车间主任的主要岗位职责是什么？
3. 构件生产安全员的岗位职责是什么？
4. 相对于传统混凝土现浇，装配式建筑带来哪些转变？
5. 预制工厂中产业工人的种类有哪些？
6. 预制工厂中的主要特种设备以及特种作业人员有哪些？
7. PC 生产线培训人员及培训要点是什么？
8. 钢筋生产线培训人员及培训要点是什么？
9. 构件起吊运输培训人员及培训要点是什么？

# 第十章　构件生产信息化管理

建筑工业化正是将传统建筑业的湿作业建造模式转向制造业工厂生产模式。装配式建筑将预制构件生产与安装分离，使得工厂化的生产与管理方式在预制构件生产中得以运用。装配式建筑预制构件工厂信息化管理需要将 BIM 技术、物联网技术、大数据和云技术等综合起来。工厂信息化管理的精髓是信息技术的集成，其核心要素是数据平台的建设和数据的深度挖掘。其中 BIM 技术是基础，物联网是纽带，大数据是核心，云技术是平台。

## 第一节　BIM 技术应用

### 一、建筑信息模型的概念

BIM 是建筑信息模型（Building Information Modeling）的简称，是指基于先进三维数字设计解决方案所构建的可视化的数字建筑模型，可使得整个工程项目在设计、施工和使用等各个阶段都能够有效实现节省能源、节约成本、降低污染和提高效率。也就是说，BIM 是通过利用数字建模软件，把真实的建筑信息参数化、数字化以后形成一个模型，以此为平台，从设计师、工程师一直到施工单位和物业管理方，都可以在整个建筑项目的全生命周期进行信息的共享和改进。在这里信息不仅是三维几何形状信息，还包含大量的非几何形状信息，如建筑构件的材料、质量、价格和进度等。

### 二、BIM 技术优势

1. 辅助实现高精度设计

一栋普通新型建筑工业化住宅的预制构件往往有数千个，要使该建筑物成功建成，需要保证每个预制构件在现场拼装不发生问题，这就需要事先对设计的构件进行碰撞检查。如果靠人工重复输入数据进行校对和筛查，工作量极大，还必须保证人工输入输出不犯错误，否则前功尽弃。而且传统技术下只是单一检查单一系统是否有碰撞，构件、管道、线路之间不能实现多系统碰撞检查，各个系统之间还没有协调起来。

基于 BIM 技术的碰撞检查技术对构件设计可能存在的冲突进行自动检测，BIM 模型可以很好地担负这个责任，将 BIM 模型的信息自动录入到碰撞检查软件中，可以把可能发生在现场的冲突与碰撞在 BIM 模型中事先消除。同时，BIM 技术还可以实现各个系统之间的碰撞检查，提高设计精度。

2. 辅助实现建筑项目生产高度集成化

传统项目的设计、制造、施工三方之间缺乏有效的沟通，因此很难对各个阶段之间进行有效的控制和管理，造成信息的支离破碎，形成“信息孤岛”（图 10-1）。不同专业之间难以流畅地进行信息共享，不能有效地避免错误和变更的发生。项目建设每一个阶段都会有很多企业参与，众多的参与方会形成较大的信息量，不同单位之间标准不一，最终导致各单位之间交流相对复杂，不利于项目建设。传统信息沟通方式，如纸介质、快递、项目协调会议等，容易遗漏信息和传达错误，很难保证多个参与方的有效全面沟通。而基于 BIM 技术的信息共享功能，作为一个大平台整合了获取的信息，按照统一的标准管理，避免了信息的丢失和误解。通过图 10-1、图 10-2 可以看出 BIM 技术使信息流畅通更加有序，且保证建设项目信息的正确和完整。

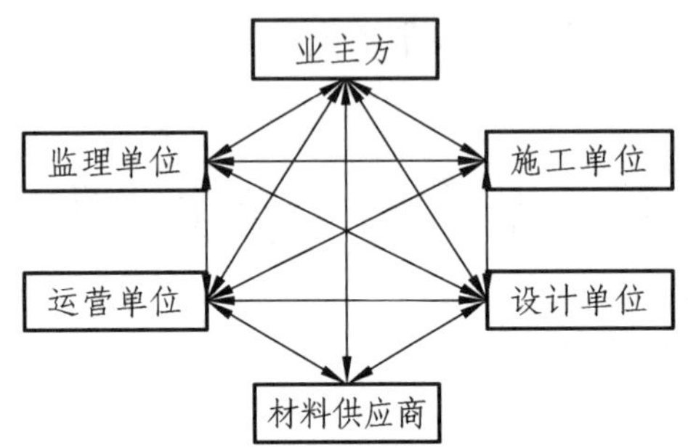


图 10-1　基于传统技术项目参与方之间的信息交流

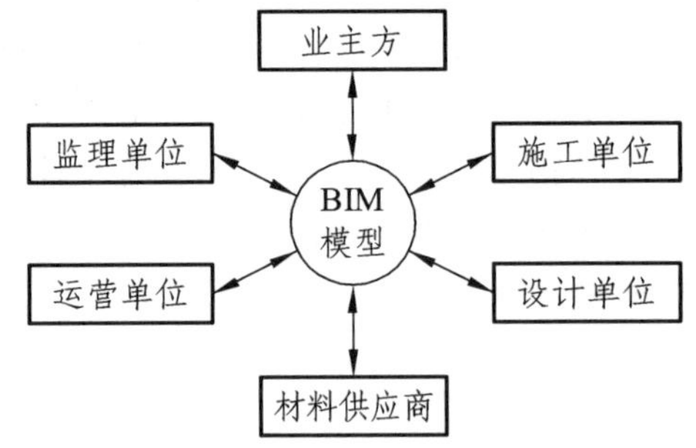


图 10-2　基于 BIM 技术项目参与方之间的信息交流

3. 辅助实现全寿命周期管理

由于建设项目设计、制造和施工分离的特点和阶段性管理方式，各参与方在介入项目前并没有直接的沟通和联系。参与方和参与方之间的流动和传递，必然会导致信息的大量流失，降低了工程开展的效率。并且很多信息都需要重新输入到相应的应用软件中，不可避免地要产生信息的流失和错误。

基于 BIM 技术的参数化模型及数据统一性和关联性，使得 BIM 项目寿命周期不同阶段内各参与方之间的信息保持较高程度的透明性和可操作性。上游信息及时、无损地传递到下游阶段，而下游的信息反馈后又对上游的工程活动作出控制，使建筑从设计开始到零件制造到建筑成型再到业主应用直至报废，所有信息都在 BIM 模型的全寿命周期中得以传递和保存。

4. BIM 技术在装配式项目中的应用优势

（1）有利于实现建筑设计标准化。

新型建筑工业化设计具有标准化、模块化、重复化的特点，形成的数据量大而且重复，在传统技术下需要大量的人力物力来记录整合，并且容易出现错误。而 BIM 模型在建模时可以利用数据共享平台进行数据共享，也可以与各种设计软件结合来设计构件，制定标准和规则，有利于实现标准化。

（2）有利于实现构件部品生产工厂化。

工厂化的目的之一是提高构件的精度，靠传统技术记录和生产难免会产生错误和误差，而 BIM 模型中采集的信息会完整地展示给制造人员或者能够完整地导入 BIM 技术其他系统，使得用 BIM 技术进行设计和制造、提高构件的设计精度和制造精度得以实现，有利于实现构件部品的工厂化。

（3）有利于实现施工安装装配化。

新型建筑工业化需要实现施工安装装配化，需要大量的人力来记录构件信息，如搭接位置和搭接顺序等，运用 BIM 技术会确保信息的完整和正确。在 BIM 模型中每一构件的信息都会显示出来，3D 模型会准确显示出构件应在的位置和搭接顺序，确保施工安装能够顺利完成。使用 BIM 技术有利于实现施工安装装配化。

（4）有利于实现生产经营信息化。

新型建筑工业化要实现构部件的工厂化生产及施工现场装配，工厂中生产出的部件，在设计尺寸上能不能满足一个特定住宅项目的需要是工程项目能否顺利施工的关键。运用 BIM 技术在建模和其他阶段不断完善各构件的物理信息和技术信息，这些信息自动传递到虚拟施工软件中进行过程模拟，找出错误点并进行修改。运用 BIM 技术还能对建设项目进行真正的全寿命周期管理，将所有的信息都显示在 BIM 模型中，每一个环节都不会出现信息遗漏，直到建筑物报废拆除。运用 BIM 有利于实现生产经营信息化。

（5）有利于实现建筑项目生产集成化。

项目管理集成化要求管理有更高层次的系统性。从目前的建筑业产业组织流程来看，从建筑设计到施工安装，再到运营管理都是相互分离的，这种不连续的过程，使得建筑产业上下游之间的信息得不到有效的传递，阻碍了新型建筑工业化的发展。将每个阶段进行集成化管理，必将大大促进新型建筑工业化的发展。BIM 技术作为集成了工程建设项目所有相关信息的工程数据模型，可以同步提供关于新型建筑工业化建设项目技术、质量、进度、成本、工程量等施工过程中所需要的各种信息，并能使其在设计、制造、施工三个阶段进行模数和技术标准整合。

## 三、BIM 技术在预制工厂中的运用

节能、高效的新型建筑工业化生产方式是我国建筑业的发展方向。积极应用 BIM 等新兴技术，使用信息化手段，促进我国新型建筑工业化发展是我国建筑业走可持续发展道路的必然选择。BIM 技术不是简单地将数字信息进行集成，而是一种数字信息的应用，并可以用于设计、建造、管理的数字化方法。BIM 技术不仅可以用于设计、施工、运营维护，也可以用

于预制工厂的建设与构件生产。

## （一）预制工厂规划建设阶段

### 1. 工厂布置

BIM 对于预制构件工厂建设来说，作用是非常大的。利用 BIM 技术可视化功能进行平面布置工作，将结构复杂、体量大的预制构件工业厂房以一种三维的立体实物图形展示在人们面前，实现“所见即所得”的视觉效果，从而实现合理、高效的现场场地布置。

### 2. 生产工艺布局方案建模

利用 BIM 可视化的特点，所有的方案调整都即时呈现在计算机上，使得预制构件工厂功能分区明确、合理、得当，布局紧凑，用地节约，管理维修方便，留有一定发展余地；并利用信息化软件对各个主入口、通道进行交通流线和人流模拟，使产业基地与外界保持良好的交通和运输联系，出入口和内部道路符合人流与车流的集散要求，各运动流线保持顺畅、短捷；建筑物布置应考虑当地总体景观，与周边环境相协调；便于利用当地已有的上下水、供电、通信等基础设施。

### 3. 优化施工规划

通过参照工程进度计划，可以形象直观地模拟各个阶段的现场作业情况，优化施工规划。运用 BIM 的方式对设计施工方案进行优化，可以带来显著的工期和造价改进。

充分利用原有生产设备和试验检测仪器，新增部分数控、高效设备，提高工艺水平，根据工艺要求选用适用的生产设备。在满足构件加工工艺、精度和生产工艺等要求的前提下，综合考虑设备的性能价格比，以减少投资和降低成本。工艺设备设计重视节能和环保，均选用国家推荐的节能型产品，具备高效优质的特点。

## （二）预制工厂建设施工阶段

### 1. 施工关键点建模

在施工过程中，现场出现错误不可避免，如果能够将错误尽早发现并整改，对减少返工、降低成本具有非常大的意义和价值。在预制工厂建设过程中，运用 BIM 专业软件对复杂构件和复杂节点如大难度吊装、隐蔽工程等情况进行图形影像化的模拟，供设计深化交底和施工指导使用，以增加复杂建筑系统的可施工性、提高施工生产效率、增加复杂建筑系统的安全性。

### 2. 基础预埋和设备安装

与住宅和商业建筑不同，预制构件工厂结构类型一般为钢结构，预制构件工厂在设计过程中更注重如钢结构、电路、管线综合等专业的提前协作。各专业相互制约又互为条件，可预先根据项目特点，进行多方深化设计。与此同时，也注重下游环节的配件供应商，设计过程需模拟建造对可能发生的碰撞和预留做提前处理。

3. 成本预算（工程量统计）和物料采购

通过该 BIM 模型，计算、模拟和优化对应于项目各施工阶段的劳务、材料、设备等的需用量，从而建立劳动力计划、材料需求计划和机械计划等，在此基础上形成项目成本计划。其中，材料需求计划的准确性、及时性对于实现精细化成本管理和控制至关重要，它可通过 5D 模型自动提取需求计划，并以此为依据指导采购，避免材料资源堆积和超支。

## （三）预制构件生产准备阶段

1. 订单到前期准备

运用 BIM 技术可对生产订单进行管理，包括维护生产订单、显示订单列表。可以按照不同订单、车间对不同的物料进行准备，反映现有库存对生产订单的保证情况，列示缺料明细，提醒管理人员及时跟踪或催收所缺物料，不致发生生产订单下达后却因缺料而无法生产的情况。当接洽订单后生产规划部根据产能规划安排订单处理方案；与此同时，预制构件工厂开始进行该项目的物料采购、生产计划安排、成品堆场整理准备等工作，以实现信息化高效管理。

2. 预制构件深化设计

通过专业 BIM 软件对项目建筑图纸进行预制构件深化设计，在项目的全流程中，建筑、结构、机电等专业能够在同一平台上工作，减少了不同专业间的交叉工作。与此同时软件完成的深化图纸以数据的形式传输到车间 MES 系统中，从而减少人为操作次数和降低人为操作带来的失误，提高生产效率。

3. 生产规划

预制件生产车间的排产计划表和堆放列表都是可视化的，生产管理人员根据深化设计的数据完成构件堆放与排产设计，其余相应部门都能同步看到排产计划。各个相应岗位根据排产计划同时准备各项生产用数据资料（如标签、堆放表、钢筋加工单、纸质图纸、技术资料等）提交给车间管理类人员准备生产。

## （四）构件生产阶段

通过 BIM 技术能够完整地将建筑设计阶段的信息传递到构件生产阶段。装配式项目设计阶段所创建的构件三维信息模型可以达到构件制造要求的精度，并借助建造平台，基于物联网和互联网将 RFID 技术、BIM 模型、构件管理整合在一起实现信息化、可视化，保证装配式建筑项目全生命周期中的信息流更加准确、及时、有效。在预制构件的管理中，通过 RFID 芯片技术将 BIM 构件模型与现实中的预制构件对应起来，实现了构件生产的集约型管理。

1. 运用 BIM 技术进行预制构件生产线、钢筋加工的自动化生产与管理

通过 BIM 系统与预制构件生产线实时数据共享，实现了预制构件的自动化生产。划线机可根据 BIM 系统输入的预制构件加工图信息，准确画出构件尺寸，便于模板定位。布料机可根据 BIM 系统输入的信息，控制布料口的各个单元门的开启闭合，达到智能化、高精度的自动布料。钢筋网片生产流水线可根据输入的 BIM 系统中构件钢筋的加工数据，实现自动钢筋

下料和预留洞。桁架钢筋生产线也可以根据 BIM 系统中桁架钢筋的几何数据，实现自动焊接各种尺寸的桁架钢筋。

2. 将 BIM 技术和物联网技术相结合，实现实时监测和质量管控

在每一个预制构件中预埋有一个无线射频卡片芯片（RFID），芯片存储有预制构件的设计信息、原材料信息、质检信息、试验信息、产品运输、产品安装、工序验收等信息。设计人员、生产人员、质检人员、库管人员、施工人员等管理者通过读取 RFID 上的信息，结合 BIM 平台，可以实时跟踪预制构件的状态和信息。其中预制构件生产人员能够实时了解构件的生产和库存情况，及时反馈到信息系统中，合理规划材料购置和预制生产，实现信息化管理。

### （五）物流运输阶段

利用 BIM 结合 RFID 技术，通过在预制构件生产过程中嵌入含有安装部位及用途等构件信息的 RFID 芯片，方便存储验收人员及物流配送人员读取预制构件的相关信息，实现电子信息的自动对照，减少在传统的人工验收和物流模式下出现的验收数量偏差、构件堆放位置偏差、出库记录不准确等问题的发生，可以节约时间和成本，提高预制构件仓储和运输的效率。

### （六）运营维护

业主方或者管理人员通过对 BIM 模型的检查更新，可以实现对厂房的运营维护，包括厂房基础图纸、雨水、消防水管道等等。通过 BIM 模型可以查阅设备的信息，如使用期限、维护情况、所在位置和供应商情况等，能够对寿命即将到期的设备进行预警，提醒运营商及时进行更换；也可准确定位虚拟建筑中相应的设备，并对设备是否正确运行提供信息。

## 四、前景分析

预制构件生产流水线的自动化智能管理是工业化生产发展的趋势，PMS 生产线管理系统、ERP 系统、物联网等将会更广泛地被应用于建筑工业化。预制构件生产线通过 PMS、ERP 等系统管理软件，实现生产线的自动化生产，并且可以与 BIM 系统进行数据对接，实现高精度、高效率的自动化预制构件生产管理。PMS 生产管理系统可实现全工位静态、动态模拟监视与控制，按节拍时间强制拉动式生产。ERP 生产管理软件可实现销售管理、生产管理、构件成品管理、原材料管理、制造费用与制造成本管理、报表中心的数据传递。与 BIM 系统对接，自动读取预制构件设计数据，向下实现与预制件生产线控制系统 PMS、搅拌站工控系统的集成。依托智能匹配和工艺流程智能的设置，实现预制构件从合同签订到构件发货的全生命周期管理。

# 第二节　物联网技术应用

美国麻省理工学院（MIT）最早在 1999 年提出物联网（Internet of things，IOT）概念。

物联网指的是将各种信息传感设备，如射频识别装置（RFID）、红外感应器、全球定位系统（GPS）、激光扫描器等装置或系统，与互联网结合起来而形成的一个巨大网络系统。其目的是让所有的物品都通过网络连接在一起，系统可以自动地、实时地对物体进行识别、定位、追踪、监控并发出相应的工作指令。

## 一、装配式建筑物联网系统

装配式建筑物联网系统是以单个部品（构件）为基本管理单元，以无线射频芯片（RFID及二维码）为跟踪手段，以工厂部品生产、现场装配为核心，以工厂的原材料检验、生产过程检验、出入库、部品运输、部品安装、工序监理验收为信息输入点，以单项工程为信息汇总单元的物联网系统。

物联网的功能特点：

（1）部品钢筋网绑定拥有唯一编号的无线射频芯片（RFID 及二维码），做到单品管理；每个部品（构件）上嵌入的 RFID 芯片和粘贴的二维码相当于给部品（构件）配上了“身份证”，可以通过该“身份证”对部品的来龙去脉了解得一清二楚，可以实现信息流与实物流的快速无缝对接。比如，用手机扫描图 10-3，可以得到构件施工过程的各种信息，见图 10-4。

图 10-3　构件二维码示意

图 10-4　构件信息示意

（2）系统是集行业门户、企业认证、工厂生产、运输安装、竣工验收、大数据分析、工程监理等为一体的物联网系统。

## 二、物联网在预制构件生产中的应用

物联网可以贯穿装配式建筑施工与管理的全过程，实际上从深化设计开始就已经将每个构件唯一的“身份证”——ID识别码编制出来了，从而为预制构件生产、运输、存放、装配、施工包括现浇构件施工等一系列环节的实施提供关键技术基础，保证各类信息跨阶段无损传递、高效使用，实现精细化管理，实现可追溯性。

### 1. 预制构件生产

在预制构件生产时在同一类预制构件的同一固定位置置入RFID电子芯片（芯片编码必须唯一识别单一构件，且能从编码中直接读取构件各阶段信息）。构件编码信息要录入全面，应包括原材料检测、模板安装检查、钢筋安装检查、混凝土配合比、混凝土浇筑、混凝土抗压报告、入库存放等信息，以便于在生产、存储、运输、施工吊装过程中对构件进行管理。

### 2. 预制构件运输

（1）构件码放入库后，根据施工顺序，将某一阶段所需的预制构件提出、装车，这时需要用读写器一一扫描，记录下出库的构件及其装车信息。运输车辆上装有GPS，可以实时定位监控车辆所到达的位置。到达施工现场以后，扫码记录，根据施工顺序卸车码放入库。

（2）运用物联网技术实现物料跟踪管理。通过物流信息传输，施工方可以自动完成构件的清点，简化了接收与搬运的工作量；对于运输车辆的实时智能跟踪，能够实时掌握构件运输的情况，有助于降低运输过程中的损坏、丢失，保证运输过程的安全性和及时性；同时，利用物联网技术，还可以在质量验收时及时记录反馈问题，快速定位，对不符合质量及参数要求的构件及时返厂。

（3）运用RFID技术有助于实现物料需求的精确管理。根据现场的实际施工进度，迅速将信息反馈到构件生产工厂，调整构件的生产计划，减少待工待料情况的发生。根据施工顺序编制构件生产运输计划。将BIM技术和RFID技术相结合，能够准确地对构件的需求情况做出判断，减少因提前运输造成构件的现场闲置或信息滞后造成构件运输迟缓。同时，施工现场信息的及时反馈也可以对预制工厂的构件生产起指导作用，进而更好地完成建造目标。

# 第三节　生产管理系统

工厂信息化管理需要基于信息管理系统将设计、采购、生产、物流、施工、资金、运营、管理等各环节集成起来，共享信息与资源，支撑企业生产决策。生产管理系统设在预制构件生产车间多台电脑及移动终端上，通过有线或无线网络互相连接，实现装配式建筑中的设计、生产、物流、施工、运维环节全过程的有效管理。

## 一、预制构件建造管理信息系统（PCIS）

PCIS 系统主要包括传统工厂管理的 ERP 及 MES 相关内容，并运用 RFID 技术及无线互联网，通过与 BIM 系统的数据交换，实现对装配式建筑构件生产过程中质量、进度与成本的控制与管理，见图 10-5。

ERP 是企业资源计划（Enterprise Resource Planning）的简称，是从 MRP（物料需求计划）发展而来的新一代集成化管理信息系统。它扩展了 MRP 的功能，将销售、采购、财务、人力资源等信息建立在一个共同的平台上，实现信息互通。

MES 系统是制造执行系统（Manufacturing Execution System）的简称，是一套面向制造企业车间执行层的生产信息化管理系统。MES 可以为企业提供包括制造数据管理、计划排产管理、生产调度管理、库存管理、质量管理等相关模块。

PCIS 系统运用 ERP 中物料需求计划的原理，为每一个构件的设计型号编制 BOM 表（物料清单），即将每个构件设计型号的原材料组成输入系统中形成一个 BOM 表，因而计算出项目成本及需要采购的原材料数量及时间点，用此方法进行成本与采购控制。

PCIS 系统运用 MES 系统方法，以施工进度计划为目标，生成模板计划、构件生产计划、存储计划、发货计划、每日生产任务单、每日发货计划单，并通过生产、发货反馈进行进度控制，见图 10-5。

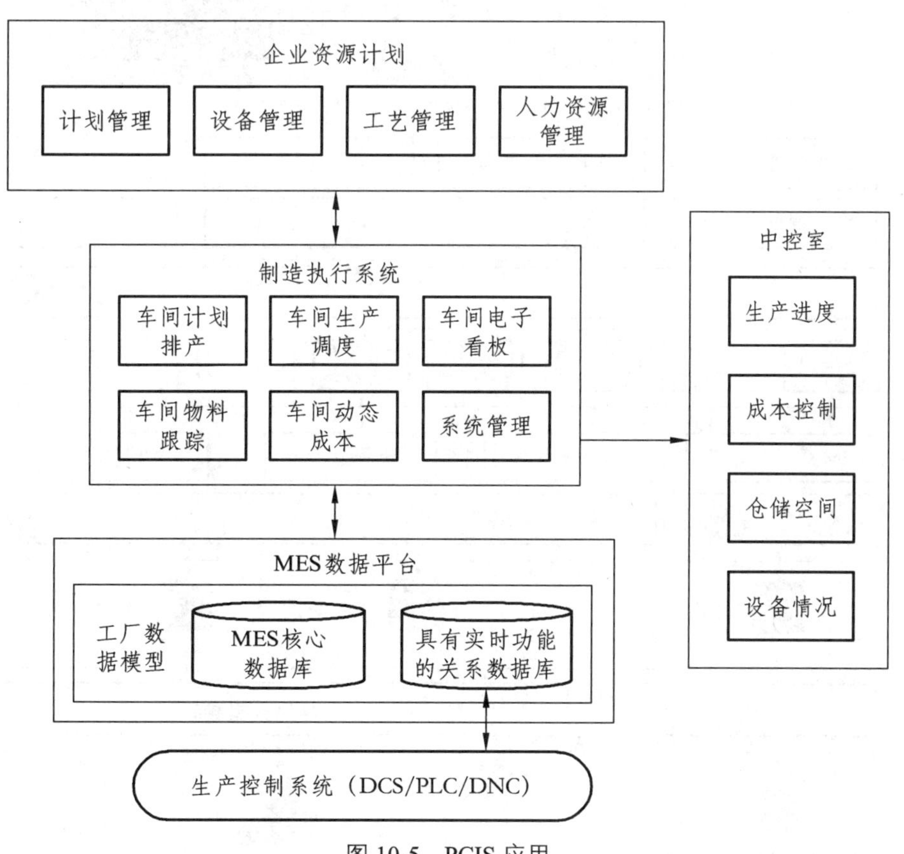


图 10-5　PCIS 应用

## 二、预制构件生产管理系统介绍

清华大学研究的预制构件生产管理系统基于 BIM、物联网和 GIS，能够实现生产过程的最优化决策，对生产进行实时的跟踪和管理，见图 10-6。生产管理系统架构见图 10-7，生产管理系统配置见图 10-8，生产管理系统应用流程见图 10-9，系统主要功能见表 10-1。

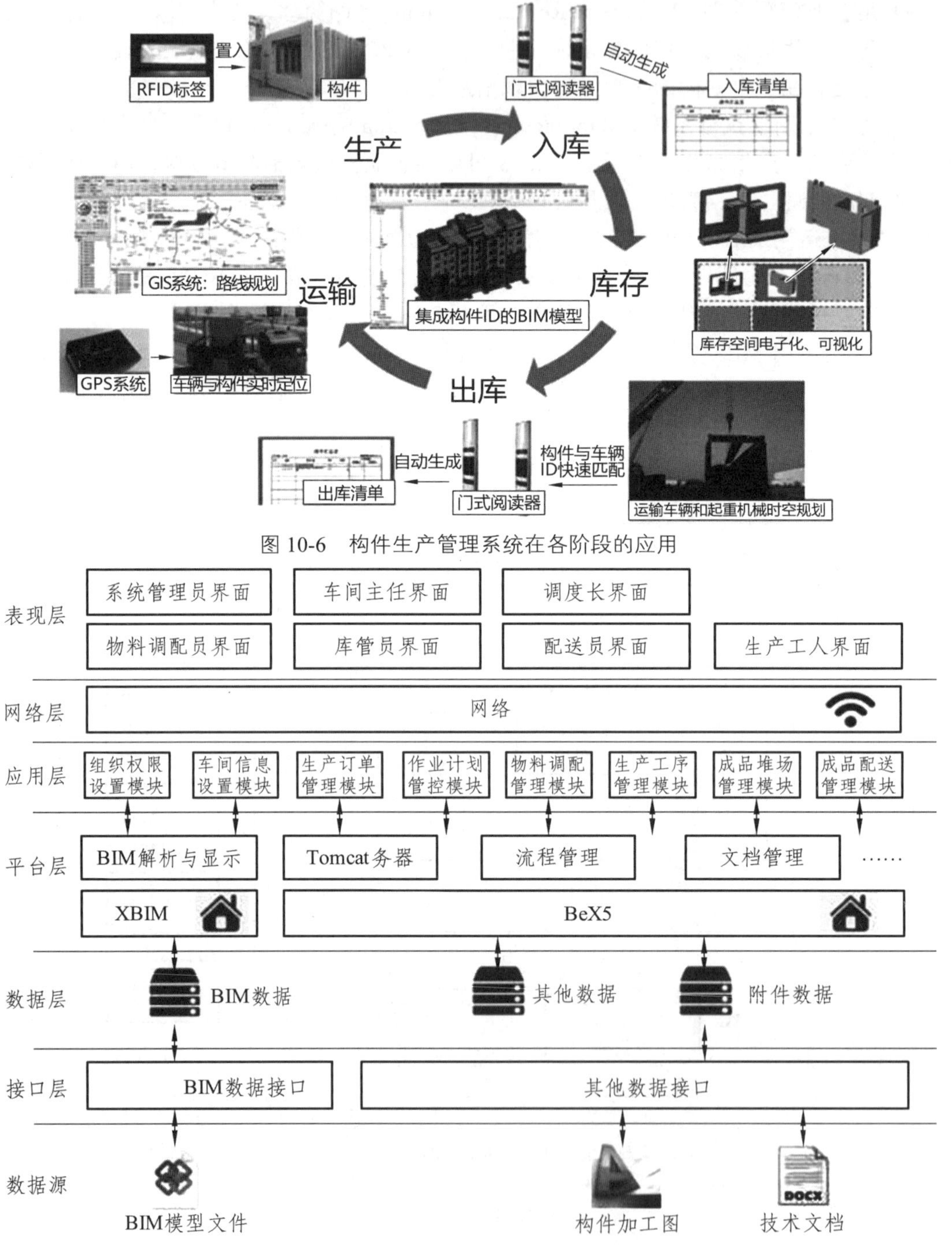


图 10-6　构件生产管理系统在各阶段的应用



图 10-7　生产管理系统架构

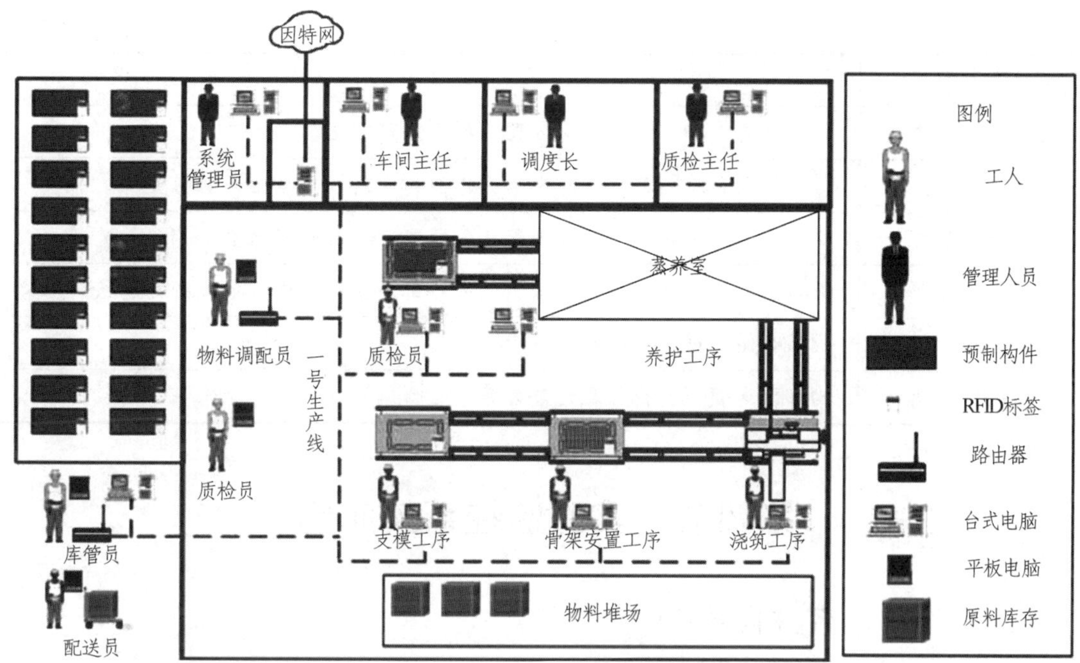


图 10-8 生产管理系统配置

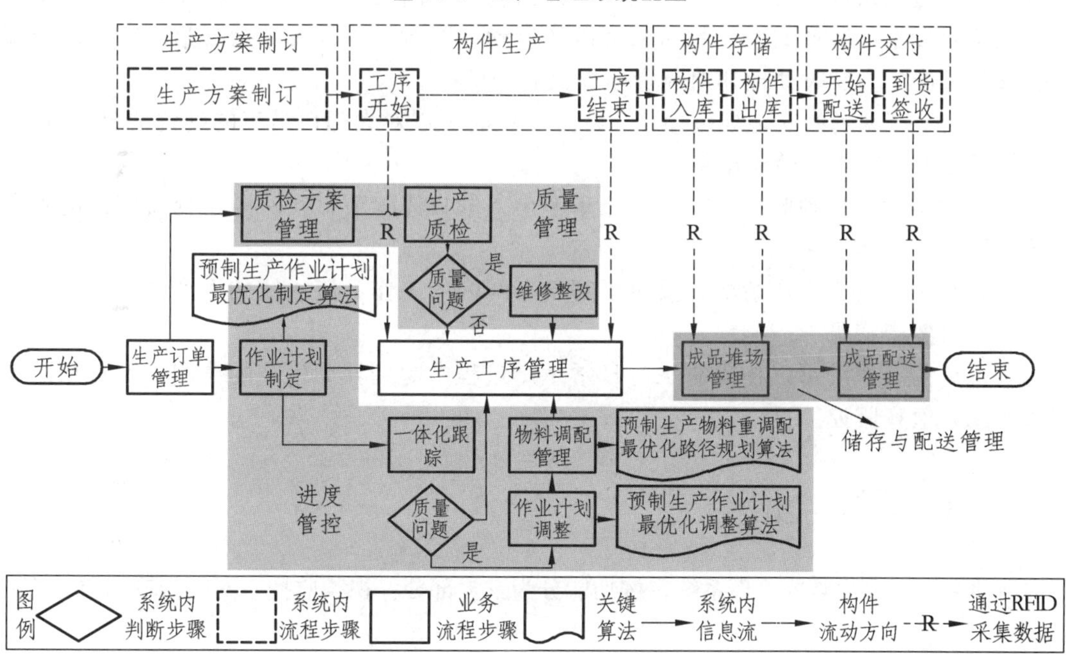


图 10-9 生产管理系统应用流程

表 10-1 生产管理系统主要功能

| 功能大类 | 功能说明 |
| --- | --- |
| 组织权限设置 | 用户登入登出、组织机构及用户设置、用户权限管理等 |
| 车间信息设置 | 设备信息设置、模具信息设置、人员信息设置、模台信息设置、生产线信息设置和堆场信息设置等 |

续表

| 功能大类 | 功能说明 |
| --- | --- |
| 生产订单管理 | 订单信息管理、订单跟踪管理、项目跟踪管理 |
| 作业计划管控 | 作业计划查看、工序耗时设置、作业计划制订、作业计划调整 |
| 物料调配管理 | 物料调配路径规划、物料调配任务获取、物料调配记录 |
| 生产工序管理 | 最新生产任务获取，管理预制部品各工序生产过程、生产突发情况 |
| 成品堆场管理 | 成品存储管理、存储构件查看 |
| 成品配送管理 | 构件配送管理、构件配送查看等 |

# 第四节　实时监控系统应用

## 一、监控信息系统目的

（1）安装监控系统就是要保障厂区和公共活动区域内工作人员的人身安全，保障生产设备及其他重要设施的财产安全，预防人为破坏活动。在意外事件发生后，第一时间取得事件发生的过程录像，为及时处理和追究责任提供有力证据。

（2）保证生产现场的安全规范操作，在上下班时可以对大门口员工的到位情况进行监控，随时考察员工的实际生产劳动纪律。

（3）通过实时的视频监控，观测物流车辆出入的具体细节，实时监控物流门口的物资交接情况。

（4）实时了解员工工作情况，及时了解各车间内的工作、流水线的生产情况、各主要生产环节的实时生产状况。

（5）视频监控系统可以在预制工厂日常生产过程中起到辅助生产的作用，实现预制构件生产线的无人值守监控。

## 二、监控系统方案

构件预制工厂视频监控管理系统，按功能分为三大部分：视频监控、网络传输和监控中心。

### 1. 视频监控

摄像部分是电视监控系统的前沿部分，是整个系统的“眼睛”（图 10-10）。

构件预制工厂监控重点部位为大门口、物流门口、研发大楼、宿舍楼、实验室、地磅房、搅拌站、生产车间、锅炉房等处。在这些位置安装百万像素高清摄像机、红外夜视球机、彩色半球摄像机等视频设备。摄像机具有双码流功能，可以本地高清存储和显示，低码流上传到总监控中心。在本地配置客户端电脑，进行视频图像存储和视频浏览。工厂主要管理者也可以安装智能手机客户端，在手机上进行实时查看。

图 10-10 视频监控

2. 网络传输

监控系统视频信号在内部要通过局域网进行传输，监控中心录像机通过专线（每路视频带宽至少为 2 Mb/s）网络上传。此系统全部通过网络传输，抗干扰性强，无损失。

3. 监控中心

监控中心是整个监控系统的“心脏”，所有视频流和相应的指令都由此处理。

监控中心由 CSV 平台目录管理服务器、专用存储设备、电视墙、客户端主机、解码矩阵主机、矩阵控制中心主机及网络交换设备等组成。

此方案设计采用数字网络硬盘录像机和显示器来完成所有摄像机信号的显示，并通过硬盘进行录像，根据对录像资料保存时间的需求配备相应容量的硬盘。同时，它还支持视频的网络远传，方便工厂管理者通过网络随时随地访问本地的网络硬盘。

## 三、监控系统分布

监控系统的摄像机分别设计在工厂进出口、工厂内部的主要公用设施场所、工厂内人群密度较大的流动区域和集散地、工厂车间内等位置，实现对预制工厂厂区门口、车间厂房、办公研发楼、物资仓库、厂内主要通道、周界围墙等目标进行实时全天候视频监控。在工厂的出入口和周界区域安装摄像机，用于监视进出厂区的人员情况，可以有效地减少安全隐患。在办公楼、宿舍楼的出入口和楼道等安装摄像机，用于监视工厂员工的工作生活情况。在工厂的生产、加工车间等安装摄像机，用于监视车间的生产加工环节和考察员工的实际生产情况和劳动纪律。

## 思考题

1. 简述建筑信息模型的概念以及优势。
2. BIM 在预制工厂规划建设阶段的应用有哪些？
3. BIM 在构件生产与运输阶段的应用有哪些？
4. 物联网在装配式建筑项目管理中的应用有哪些？

# 第十一章　预制构件生产设备

预制构件生产确定了生产工艺以后，需要配置相应的生产设备。PC 生产线是生产混凝土预制件的核心。预制构件生产线设备在预制构件厂生产中起着重要作用，产品质量的好坏在很大程度上取决于设备的完善程度，而设备的寿命、质量、精度乃至运行时产生的噪声，都由这些基础零部件的精度、选材及相应高品质的加工性能所决定，并且最终会反映在预制构件的产品质量上。

## 第一节　构件生产工艺与设备配置

PC 预制构件生产工艺分为平模传送流水线法和固定模位法，本节主要介绍两种工艺所需要的主要设备以及设备选用注意事项。

### 一、固定模台工艺设备

建筑预制件固定模台生产线是平面预制构件生产线中历史最悠久的一种生产工艺。相比自动化流水线，自动化程度较低的固定生产线需要更多工人，但是该工艺的设备投资少。固定生产线上某些局部工作站也是高自动化运转的，比如墙板自动翻转机等。固定模台工艺需要的主要设备见表 11-1。

表 11-1　固定模台工艺主要设备

| 类别 | 设备名称 | 备注 |
| --- | --- | --- |
| 搬运 | 小型辅助起重机 | 辅助吊装钢筋笼或模板 |
| | 运料系统 | 运输混凝土 |
| | 运料罐车或叉车 | 运输混凝土 |
| | 产品运输车 | 从车间把构件运到堆场 |
| 钢筋加工 | 钢筋校直机 | 钢筋调直 |
| | 棒材切断机 | 钢筋下料 |
| | 钢筋网焊机 | 钢筋网片的制作 |
| | 箍筋加工机 | 钢筋成型 |
| | 桁架加工机 | 桁架筋的加工 |
| 模具 | 固定模台 | 作为生产构件用的底模 |

续表

| 类别 | 设备名称 | 备注 |
| --- | --- | --- |
| 浇筑 | 布料斗 | 混凝土浇筑用 |
| | 手持式振动棒 | 混凝土振捣用 |
| | 附着式振动器 | 大体积构件或叠合板用 |
| 养护 | 蒸汽锅炉 | 养护用蒸汽 |
| | 蒸汽养护自动控制系统 | 自动控制养护温度及过程 |
| 其他工具 | 空气压缩机 | 提供压缩空气 |
| | 电焊机 | 修改模具用 |
| | 气焊设备 | 修改模具用 |
| | 磁力钻 | 修改模具用 |

## 二、流水线工艺设备

流水线工艺有全自动、半自动和手控流水线三种类型。其主要设备见表 11-2。

表 11-2　流水线工艺主要设备

| 类别 | 设备名称 | 说明 |
| --- | --- | --- |
| 搬运 | 小型辅助起重机 | 辅助吊装钢筋笼或模板 |
| | 运料系统 | 运输混凝土 |
| | 产品搬运运输车 | 从车间把构件运到堆场 |
| 钢筋加工 | 棒材切断机 | 钢筋下料 |
| | 箍筋加工机 | 钢筋成型 |
| | 桁架加工机 | 桁架筋的加工 |
| 生产线 | 中央控制系统 | 控制设备运转 |
| | 自动清理装置 | 清理模台上的残余混凝土 |
| | 自动划线装置 | 机械手自动划线 |
| | 自动组模系统 | 机械手自动组模 |
| | 钢筋网片加工中心 | 钢筋网片自动加工 |
| | 钢筋网片运输系统 | 网片自动运送到模具内 |
| | 桁架放置系统 | 桁架筋自动放置在模具内 |
| | 自动布料机 | 混凝土自动布料 |
| | 全自动振捣系统 | 360°振捣 |
| | 叠合板拉毛机 | 拉毛 |
| | 自动抹平机 | 内隔墙板抹平 |
| | 码垛机 | 码垛 |

续表

| 类别 | 设备名称 | 说明 |
| --- | --- | --- |
| 生产线 | 养护窑 | 养护 |
| | 制转设备 | 生产双层墙板 |
| | 倾斜装置 | 制转墙板脱模用 |
| | 底模运转系统 | 运送模台 |
| 模具 | 模台 | 在生产线流动的模台 |
| | 磁性边模 | 产品边模 |
| 养护 | 蒸汽锅炉 | 提供养护用蒸汽 |
| | 蒸汽养护自动控制系统 | 自动控制养护温度及过程 |
| 其他工具 | 空气压缩机 | 提供压缩空气 |

1. 全自动流水线

全自动化流水线由混凝土成型设备及全自动钢筋加工设备两部分组成。这种工艺通过计算机编程软件控制，使设备实现全自动对接。图样输入、模板清理、划线、组模、脱模剂喷涂、钢筋加工、钢筋入模、混凝土浇筑、振捣、养护等全过程都由机械手自动完成，真正意义上实现全部自动化。

2. 半自动流水线

半自动化流水线包括了混凝土成型设备，不包括全自动钢筋加工设备，半自动化流水线实现了图样输入、模板清理、划线、组模、脱模剂喷涂、混凝土浇筑、振捣等自动化，但是钢筋加工、入模仍然需要人工作业。

3. 手控流水线

手控流水线是将模台通过机械装置移送到每一个作业区，完成一个循环后进入养护区，实现了模台流动，作业区、人员固定，浇筑和振捣在固定的位置上。

## 三、PC 构件生产线设备选用中的注意事项

（1）原材料的选择。轮轴类一般要采用 45#钢锻件，经粗加工、调质或淬火、精加工、发蓝或镀锌处理，其他采用国家标准型材。

（2）加工精度。从设备的设计以及选材、加工程度上逐一进行控制，生产过程需采用精密的加工、检验、检测设备来进行根本上的控制。PC 成套设备选用中需要特别重视的就是控制振动台噪声，根据国家要求，生产车间（连续生产 8 h）噪声不得超过 90 dB。

（3）装配精度。加工精度决定装配精度，同时要求设备厂家要具备高素质的专业技术工人，完成各设备的车间装配。

（4）检验检测。设备的检验检测正常需要在出厂前即在工厂完成，而非将零部件运至现场后才检测，而施工现场没有相应的检验检测设备，不具备检测能力导致质量无法控制。

（5）安装精度。安装精度受现场安装条件决定，需业主尽可能提供完善的安装环境与条件，现场安装施工需专业技术工人进行规范性操作，进而保证项目的顺利实施。

# 第二节　PC 生产线主要设备功能介绍

## 一、构件生产线主要设备介绍

某公司生产的预制构件生产线按照平台清理、划线、装边模、喷油、摆渡、布料、振捣、表面整平、养护、磨平、养护、脱模的生产工序，采用自动为主、手动为辅的控制方式进行操作。采用自动化、智能化、机械化、标准化等技术综合集成，来实现建筑工业化 PC 部品的自动化生产。

### 1. 混凝土输送机

混凝土输送机（图 11-1）用于搅拌站出来的混凝土的存放输送，即通过在特定的轨道上行走，将混凝土运送到布料机中。

图 11-1　混凝土输送机

（1）设备组成。

混凝土输送机由双梁行走架、运输料斗、行走机构、料斗翻转装置和电气控制系统组成。

（2）功能介绍。

运输料斗位于行走架上，运输料斗带行走机构，可平稳地在特定轨道上行走；运输料斗滑触线取电，安全可靠；运输料斗中的旋转由翻转装置驱动，将料斗中的混凝土倾泻到布料机中；清洗平台设置于搅拌站下方；电控系统安全可靠，清洗料斗时可手柄控制，运料工作时可遥控。在接近布料机前会自动减速，到达后会自动对位停车。

## 2. 混凝土布料机

混凝土布料机（图 11-2）用于向混凝土构件模具中进行均匀定量的混凝土布料。

图 11-2　混凝土布料机

（1）设备组成。

混凝土布料机由双梁行走架、大车行走机构、小车行走机构、混凝土料斗、安全装置、气动系统、清洗装置和电气控制系统等组成。

（2）功能介绍。

设备可按图纸尺寸、设计厚度要求由程序控制均匀布料；具有平面两坐标运动控制、纵向料斗升降功能；控制系统留有计算机接口，便于实现直接从中央控制室计算机系统读取图纸数据的功能；布料机采用整幅布料，布料速度快且操作简便；布料机料斗容积约为 3 $m^3$，行走速度、布料速度无级可调；布料机配清洗平台、高压水枪和清理用污水箱，便于清洗和污水回收；布料机可人工手动控制和自动控制；料斗带混凝土称重计量装置。

## 3. 模　台

PC 构件模台（图 11-3）位于产业链的前端，是整条产业链得以正常运作的有力保证。模台按种类分为周转模台与固定模台。模台由型钢拼焊而成，刚性、强度满足长期振捣不变形的要求，面板由整块钢板制成，无拼焊缺陷。

图 11-3　模　台

4. 振动台及控制系统

振动台（图 11-4）及控制系统用于振捣完成布料后的周转平台，将其中的混凝土振捣密实。

图 11-4　振动台

（1）设备组成。

振动台由固定台座、振动台面、减振提升装置、锁紧机构、液压系统和电气控制系统组成。

（2）功能介绍。

固定台座和振动台座各有三组，前后依次布置，固定台座与振动台面之间装有减振提升装置。减振提升装置由空气弹簧和限位装置组成。

将周转平台放置于振动台上。振动台锁紧装置锁紧，将周转平台与振动台锁紧为一体，布料机在模具上进行布料。布料完成后，振动台起升后再起振，将模具中混凝土振捣密实。

5. 抹光机

抹光机（图 11-5）主要用于混凝土预制产品的表面打磨修光。抹平头可在水平方向两自由度内移动作业。

（a）

（b）

图 11-5　抹光机

（1）设备组成。

抹光机由门架式钢结构机架、走行机构、抹光装置、提升机构、电气控制系统等组成。

（2）功能介绍。

在构件初凝后将构件表面抹光，保证构件表面的光滑。

### 6. 模具清扫机

模具清扫机（图 11-6）将脱模后的空模台上附着的混凝土清理干净。

图 11-6　模具清扫机

（1）设备组成。

模具清扫机是由 1 组清渣铲、2 组横向刷辊、1 个坚固的支撑架、除尘器、1 个清渣斗和电气系统组成。

（2）功能介绍。

模具清扫机能将附着、散落在模具上的混凝土渣清理干净，并收集到清渣斗内。

清渣铲能将附着的混凝土铲下，横向刷辊可以将底模上的混凝土渣清扫干净，模具通过后混凝土渣掉落在清渣斗内。

吸尘器能将毛刷激起的扬尘吸入滤袋内，避免粉尘污染。其控制系统与喷涂脱模机装置一体化，减少了操作人员。

7. 拉毛机

拉毛机（图 11-7）用于对叠合板构件新浇筑混凝土的上表面进行拉毛处理，增加叠合楼板的表面粗糙度，以保证叠合板和后浇筑的地板混凝土较好地结合起来。设备布置在第一次预养护工位和赶平工位之间的拉毛工位。

图 11-7　拉毛机

（1）设备组成。

拉毛机由钢支架、变频驱动的大车及走行机构、小车走行、升降机构、转位机构、可拆卸的毛刷、1 套电气控制系统组成。

（2）功能介绍。

拉毛机在钢支架上纵向走行，小车在大车轨道上横向走行，拉毛范围可覆盖整个模板。拉毛毛刷由合金刀板组成。

8. 数控划线机

数控划线机（图 11-8）用于在底模上快速而准确地画出边模、预埋件等位置，提高放置边模、预埋件的准确性和速度。

（1）设备组成。

数控划线机主要由机械部分、控制系统、伺服系统、划线系统组成。

机械结构主要由走行支架、横梁、主副端梁、精密导轨、控制面板组成。

控制部分包括数控系统、电器配套 1 套、控制面板。

伺服系统由 $X$ 轴电机、$Y$ 轴电机、伺服变压器等组成。

划线系统由划线车、划线支架、划笔、笔墨系统组成。

图 11-8　数控划线机

（2）功能介绍。

数控划线机为桥式结构，采用双边伺服驱动，运行稳定，工作效率高；带自动喷枪装置，自动调高感应装置及友好的人机操作界面，适用于各种规格的通用模型叠合板、墙板底模的划线；可根据实际要求处理复杂图形，精确定位系统保证图形的准确；配有德国进口的 IBE 自动编程软件，操作简便，可控性强；具有数据连接口。

9. 喷涂脱模剂装置

喷涂脱模剂装置（图 11-9）用于将脱模剂均匀快速地喷涂在模板表面上。

图 11-9　喷涂脱模剂装置

（1）设备组成。

喷涂脱模剂装置主要由喷涂机、收集箱两部分构成。其中喷涂机主要由机架、喷涂控制系统、摆动喷涂装置等组成。

（2）功能介绍。

喷涂脱模剂装置是喷涂脱模剂的设备，其功能是将脱模隔离剂均匀快速地喷涂在模板表面上。

### 10. 刮平机

刮平机（图 11-10）用于将布料机浇筑的混凝土振捣并刮平，使得混凝土表面平整。

图 11-10　刮平机

（1）设备组成。

刮平机由钢支架、大车、小车、整平机构及电气系统等组成。

（2）功能介绍。

刮平机在钢支架上纵向走行，安全平稳，不易发生伤人事故。

刮平机构在小车上安装，小车横向行走，其刮平范围可覆盖整个模板。

刮平机构的升降系统使用电动升降，其结构紧凑、安装方便、占据空间小，而且可以在规定行程范围内的任意位置停止并自锁。当发生机构事故断电时，可将刮平机构锁定在该位置，避免产生事故。其操作方便，维护工作量小。

刮平机构上装有振动电机，与升降系统支架装有减振装置，刮平机构装有特制刮平板，刮平板由耐磨材料按照特定的弧度压制而成，整平效果好。

走行机构采用变频带刹车减速机，可以方便地调整速度。

### 11. 摆渡车

摆渡车（图 11-11）用于线端模具的横移。

图 11-11　摆渡车

（1）设备组成。

摆渡车由框式机架、行走机构、支撑轮组、驱动轮组及电控系统等组成。

（2）功能介绍。

摆渡车工作过程如下：

① 周转平台通过生产线上的驱动轮装置及摆渡车上的驱动轮组装置进入摆渡车上方，由支撑轮组支撑，达到摆渡车上指定位置。

② 行走机构开始工作，横向移动至另一侧工位。

③ 横向运送车返回原位。

考虑到运输模具过程的复杂工况，摆渡车各部分的位置识别通过固定在车上的感应式启动器和固定在地面上的信号轨进行。

### 12. 支撑、驱动轮及控制系统

支撑、驱动轮及控制系统（图 11-12）用于整条生产线的空模周转平台及带制品周转平台的运输。

在生产线中，行走导向轮主要用于模台的导向输送和支撑，其轮子的踏面标高为 450 mm，布置时需要根据现场的情况决定地面行走轮的安装方式——预埋 H 钢或安装展板。

（a）行走导向轮

（b）驱动轮

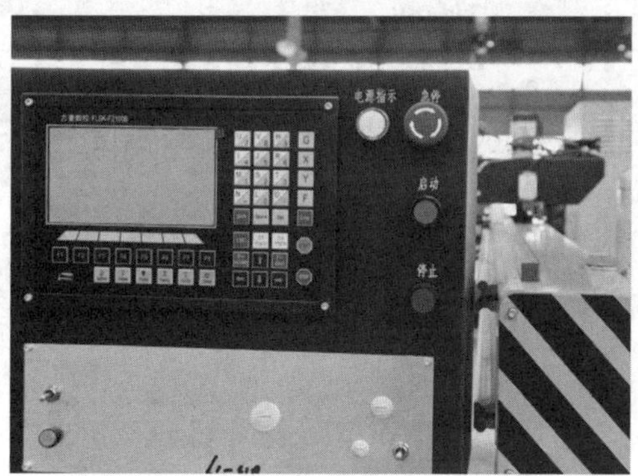


（c）控制系统

图 11-12　支撑、驱动轮及控制系统

在生产线中，驱动轮主要用于调节模台的输送能力，其轮子的踏面标高相比地面行走轮踏面高出约 8 mm。布置时，每个工位需要布置 3 个模台驱动轮。在模台行走时，应保证每个时刻至少有两个模台驱动轮作用于模台。

（1）结构组成。

模板轨道自动传送系统由滚轮支架及带制动摩擦轮驱动装置组成。每条轨道板滚轮架线由 1 套电气控制系统控制，用于协调架线与其他设备的配合工作。

每套电气控制系统由以 PLC 为核心的主控制系统组成，下设子控制系统，主控制系统包括变频调速控制柜、PLC 电器柜等。主控制柜由 PLC 及外围输入输出电路组成，电机主回路的设备由变频调速器、空气开关、接触器、热继电器等组成。每个模位设有转换开关，决定整个控制系统运行模式。

在子控制系统上的转换开关是手/自动等的切换。在输送线上不同位置布置了行程开关用于检测模板的位置、变速等，实现各工位的自动停止、启动、变速，并对清理装置、喷涂脱模剂装置、横移车等设备的开启和停止实行统一控制。

（2）功能简述。

输送线控制系统用于传送空周转平台及带制品周转平台，是一条从空模周转平台到成品下线的输送线。

采用 PLC 自动控制系统对整个流程进行控制。操作人员可通过选择运行模式将整个输送线分工，各工位可以独立运行及组合运行，可以手动/自动/半自动化切换运行，输送线流程中间有清理、喷涂脱模剂、钢筋安装、横移等工位。驱动线按生产工艺分为装钢筋网工位，安装钢筋、埋件工位，浇筑工位，静养工位，整平工位，抹平工位，拉毛工位，窑底 $1^{\#}$，窑底 $2^{\#}$，拆除边模工位，脱模工位等。每个工位都装有防撞装置。

### 13. 运板平车

运板平车（图 11-13）用于运输成品 PC 板，将成品 PC 板由车间运送至堆放场。

图 11-13　运板平车

（1）设备组成。

运板平车由稳定的型钢结构和钢板组成的车体、走行机构、电瓶、电气控制系统组成。

（2）功能介绍。

电瓶运板车的走行机构可平稳地在轨道上行走；电瓶电量可供运板车连续工作 10 h；电

控系统可手柄控制，也可遥控。

14. 码垛机（模台存取机）

码垛机（图 11-14）将振捣密实的水泥构件及模具送至立体养护窑指定位置；或将养护好的水泥构件及模具从养护窑中取出，送回生产线上，输送到指定的脱模位置。

（a）

（b）

图 11-14　码垛机

（1）设备组成。

码垛机由行走系统、大架、提升系统、吊板输送架、取/送模机构、纵向定位机构、横向定位机构、电气系统等组成。

（2）功能介绍。

横向行走由变频制动电机驱动，横向走行装有夹轨导向装置、横向定位装置，保证横向走位精度，码垛车与养护窑重复位置精度不变。

模台存取机移动到将要出模的位置，首先取模机构伸出，将模具勾住并伸缩，然后将模具拉至吊板输送架能够驱动模具的位置，吊板输送架驱动模台，到位后，输送架下落，模台存取机横移到正对脱模工位，将模台送至脱模工位。

15. 立体养护窑、蒸养温控系统

养护窑（图 11-15）用于养护混凝土构件，经过静置、升温、恒温、降温等几个阶段使水泥构件凝固强度达到要求。

图 11-15 立体养护窑、蒸养温控系统

（1）设备组成。

养护窑由窑体、蒸汽系统（或散热片系统）、温度控制系统等组成。根据生产需求设置具体养护工位数。其基本结构如下：

由 2×4 个 6 层养护位的孔洞组成，其中有 2 个为进出输送工位，即共有 46 个养护位，养护窑有保温门；养护窑采用钢结构支架，窑内安装滚轮用于输送及支撑模板；养护温控系统包括电气控制系统（中央控制器、控制柜）、热风循环装置、温度传感器等部分。可根据需求适应不同的养护工艺。

（2）功能介绍。

立体养护窑窑体是由型钢组合成框架，框架上安装有托轮，托轮为模块化设计。窑体外墙用保温材料拼合而成，每列构成独立的养护空间，可分别控制各孔位的温度。构件在立体养护窑中经过静置、升温、恒温、降温等几个阶段使预制构件凝固强度达到设计要求。窑体底部设置两个进出输送地面辊道，模板可沿地面辊道通过。

中央控制器采用工业级计算机，采用友好的操作界面，便于人机的交互，适合现场使用。养护窑具有较为完善的功能，有工艺温度的参数设置，如温度梯度的设置、最高温度的设定等，具有实时温度的记录曲线或报表，具有数据的报表打印功能，具有历史实时记录温度的回放等。

控制柜由 PLC 和工业专用温度控制器、多点温度传感器、湿度传感器、多路数字和模拟信号输入模块组成。接收到上位机的工艺参数后，可自行构成闭环的控制系统，根据布置在养护窑内多点的温度传感器，采集不同位置的温度信号，自动调节蒸养阀门，使蒸养窑内形成一个符合温度梯度要求的、无温度阶跃变化的温度环境。

### 16. 预养护系统及温控系统

养护通道由钢结构支架、养护棚（钢-岩棉-钢材料）组成，放置于输送线上方，带制品的模板可通过。通道内的预养护工位自动控制启动停止。

（1）设备组成。

模台预养护系统由钢结构支架、保温膜、蒸汽管道、养护温控系统（包括电气控制系统、中央控制器、控制柜，图 11-16）、温度传感器等部分。

（a）

（b）

图 11-16　预养护系统及温控系统

（2）功能介绍。

预养护系统及温控系统安装有一套自动监控系统，用于蒸汽养护过程的监控，能自动控制养护通道内温度，设计养护时间为 0.6 h 左右。

控制柜内安装有模拟输入模块的 PLC 进行检测及控制。数显监控工控机用于通道的参数设置、数据采集及管理工作。温度传感器和控制阀用于供气管网的控制。

### 17. 全线控制系统

生产线自动化控制系统（图 11-17）用于整个环线生产线的总控制，各个工位的启停、监控等，各工位的状态都可以在本系统显示。

（a）

（b）

图 11-17　生产线自动化控制系统

（1）结构组成。

生产线自动化控制系统由电控系统、监控系统、显示系统、警示系统、电控箱等组成。

（2）功能介绍。

生产线自动化控制系统由西门子 PLC 控制，驱动电机由施耐德变频器变频调速，采用倍加福的位置传感器检测模具定位。每个工位都有手动和联动选择，确保每个工位可以相对独立工作，并可以转换为联动控制。控制系统有紧急停车功能，有电气故障报警指示。

电气控制柜预留中控室设备运转模拟显示屏信号接口，以便升级生产线动态模拟显示屏。

码垛车集中监控：在触摸屏监视码垛车运行状态的情况下，进行码垛车的手动或自动操作。手动操作：可进行码垛车横移的前进、后退、横向定位、上升、下降、垂直定位、养护窑门的开启、模板平稳送入、送出分布动作。自动操作：由于采用了程序预设功能，码垛车可以按仓位预设的次序进行，使码垛车按预设优化路线运行，使码垛车运行时间周期最短，确保码垛车不影响整个生产线的运行节拍。

生产线的集中控制：集中控制室设有生产线每个工位工作状态模拟监视系统，使中控室人员对生产线的运行状态一目了然。现场每个工位都有手动和自动选择。当某一个工位需要人员操作时，将现场选择为手动，当完成作业后由操作人员手动操作将模具输送到下一个工位，该工位的模具运行由中控室控制系统自动控制，现场有紧急停车按钮，控制系统有电气故障报警指示。

主要设备的模拟监视：中控室设有主要设备的模拟运行监视屏，模拟显示每个生产工位的运行状态以及清理机、划线机、喷涂机、摆渡车、布料机、刮平机等设备的运行状态，使中控室人员对生产线的主要设备运行状态一目了然，合理调度管理。

监视系统在各个重要工位安装摄像头，对重要工位的设备运行情况、工人操作情况、安全状况进行监视。

显示系统将监视系统采集的信号换成影像显示在屏幕上。

通过监视系统显示系统观察到工位怠工、不规范操作、不安全行为时可通过警示系统在总控室对工位员工进行提示、警告。

18. 侧翻机

模板固定于托板保护机构上，侧翻机（图 11-18）可将水平板翻转 85°～90°，便于制品竖直起吊。

图 11-18　侧翻机

（1）设备组成。

侧翻机由翻转装置、托板保护机构、电气系统、液压系统组成。翻转装置由两个相同结构翻转臂组成。翻模机构又可分为固定台座、翻转臂、托座、模板锁死装置。

（2）功能介绍。

拆除边模的周转平台通过滚轮输送到达翻转工位，模具锁死装置固定模板，托板保护机构托住制品底边，翻转油缸顶升，翻转臂开始翻转，翻转角度为 85°～90°时，停止翻转，制品被竖直吊走，翻转模板复位。

## 二、钢筋加工车间设备

PC 工厂钢筋加工一般采用机械设备，以自动化设备为主，手工设备为辅，方能满足钢筋精度和产能的要求。就目前国内装配式建筑项目构件生产而言，钢筋加工可以采用自动化的预制构件包括叠合楼板、女儿墙、非承重内隔墙、夹芯保温板、外叶板和非承重外挂墙板等。尚无法做到钢筋加工自动化的构件包括楼梯、阳台板、柱、梁、三明治外墙板、剪力墙板、其他造型复杂的构件等。预制构件生产钢筋加工车间一般选用全自动钢筋桁架焊接机、数控调直机、数控弯箍机、钢筋切断机、数控钢筋弯箍机、钢筋网片焊接机等设备。

1. 全自动钢筋桁架焊接机

传统的桁架筋生产都由人工来完成，相对来说，单位时间内生产出的钢筋桁架较少，当生产量大的时候，桁架筋的生产往往不能满足实际构件生产的需求。全自动钢筋桁架焊接机（图 11-19）集矫直、折弯成型、焊接、剪切和收集等功能于一体，采用数字程序控制的全自动焊接生产线，是实现平面钢筋桁架自动化生产的专用设备；该设备生产效率高，调整简便，除可焊接普通平面桁架外，也可焊接主筋折弯的平面桁架。

图 11-19　全自动钢筋桁架焊接机

2. 数控钢筋弯箍机

数控钢筋弯箍机（图 11-20）可以完成钢筋进料、调直、定尺、切断、弯箍成型等一系列生产加工流程，具有高效率、高精度、节能、大量解放生产力等特点。

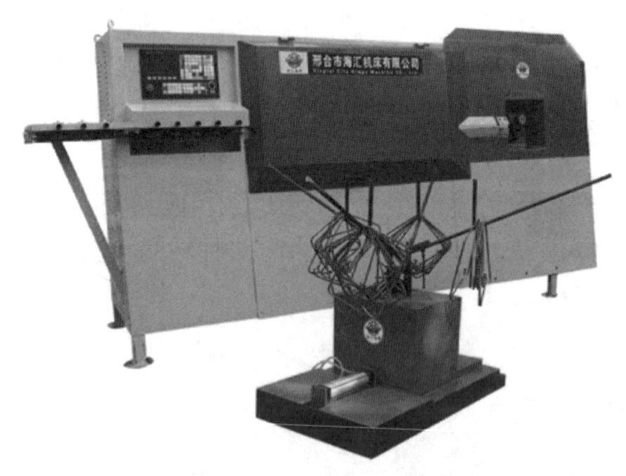


图 11-20　数控弯箍机

3. 钢筋调直切断机

钢筋调直切断机（图 11-21）按调直原理的不同可分为孔模式和斜辊式两种；按其切断机构的不同有下切剪刀式和旋转剪刀式两种。下切剪刀式又由于切断控制装置的不同还可分为机械控制式和光电控制式。

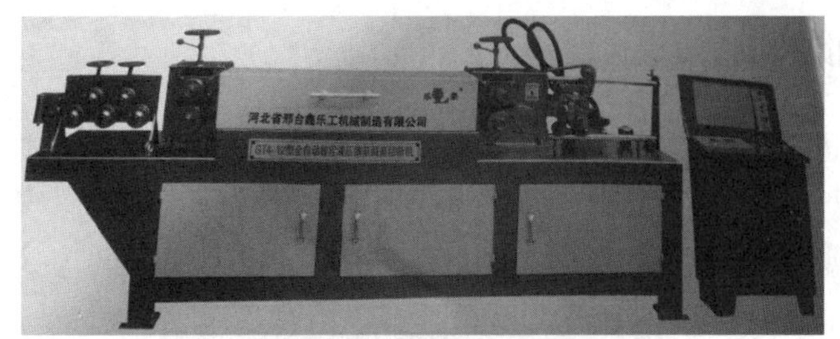

图 11-21　数控钢筋调直切断机

4. 钢筋直螺纹套丝机

钢筋直螺纹套丝机（图 11-22）可以使钢筋转出螺纹再连上套筒，就能让钢筋更好地合并。

图 11-22　直螺纹套丝机

5. 钢筋网片焊接机

一般钢筋网片焊接采用数控自动焊接设备及半自动焊接设备，如图 11-23 所示。钢筋焊接网片与传统手工绑扎相比有以下特点：钢筋规格、间距等质量要求可得到有效控制；焊接网刚度大、弹性好、焊点强度高、抗剪性能好，且成型后网片不易变形，荷载可均匀分布于整个混凝土结构上，再辅以马镫筋、垫块能有效抵抗施工的踩踏变形的影响，容易保证钢筋的位置和混凝土保护层的厚度，可有效保证钢筋的到位率。

图 11-23　钢筋网片焊接机

## 三、混凝土搅拌站设备

预制构件生产用混凝土由混凝土搅拌站制备输送。混凝土搅拌站（图 11-24）主要由物料储存系统、物料称量系统、物料输送系统、搅拌系统、粉料储存系统、粉料输送系统、粉料计量系统、水及外加剂计量系统和控制系统以及其他附属设施组成。

图 11-24　混凝土搅拌站设备

### 1. 搅拌主机

搅拌主机采用的是目前国内外搅拌站使用的主流搅拌机——JS 双卧轴强制式混凝土搅拌机，它可以搅拌流动性、半干硬性和干硬性等多种混凝土。

### 2. 物料称量系统

物料称量系统是影响混凝土质量和混凝土生产成本的关键部件，主要分为骨料称量、粉料称量和液体称量三部分，生产不同规格的混凝土主要依靠称量系统。

### 3. 物料输送系统

物料输送由三个部分组成：

（1）骨料输送：目前搅拌站输送有料斗输送和皮带输送两种方式。料斗提升的优点是占地面积小、结构简单。皮带输送的优点是输送距离大、效率高、故障率低。

（2）粉料输送：混凝土可用的粉料主要是水泥、粉煤灰和矿粉。目前普遍采用的粉料输送方式是螺旋输送机输送，大型搅拌楼有采用气动输送和刮板输送的。螺旋输送的优点是结构简单、成本低、使用可靠。

（3）液体输送：液体主要指水和液体外加剂，它们是分别由水泵输送的。

### 4. 物料贮存系统

混凝土搅拌站物料贮存方式基本相同：骨料采用封闭料仓堆放，粉料用全封闭钢结构水泥仓贮存，外加剂用钢结构容器贮存。

### 5. 控制系统

搅拌站控制系统是整套设备的中枢神经。控制系统根据用户不同要求和搅拌站的大小而有不同的功能和配置。

# 附录一　××建筑科技有限公司 PC 构件质量标准

## ××建筑科技有限公司

## （质检部）

## PC 构件质量标准

拟定人：
复核人：
审　批：

拟定时间：××××-××-××　　　　实施时间：××××-××-××

# PC 构件质量标准

## 一、基本要求

（1）质量管理控制以公司质量管理制度为纲领文件。

（2）质量检验流程以公司质量检验流程为基础。

（3）质量检验项目以公司预制混凝土构件工艺为依托。

## 二、PC 构件质量检验流程

（1）质检员在每天的工作中对产品生产过程质量进行监控并填写产品过程质量检查表，每天交由质量主管进行审核。

（2）质检员在质量监控过程中发现质量事故应及时报告质量主管，质量主管继续向上级领导如实汇报。

（3）每周末质量主管对本周产品质量进行总结。

（4）每月由质量主管对本月质检资料进行汇总并存档。

（5）每月末由技术质检部部长组织召开月质量分析会，质量主管对本月质量情况进行总结和汇报，对存在的问题在会上进行总结并提出解决方案。

## 三、PC 构件质量检验标准

### 1. 拆　模

（1）拆模之前需做同条件试块的抗压试验或回弹试验，试验结果达到实验室规定强度方可拆模。

（2）将模具及窗口侧板拆开，拆卸过程中要保证模具侧板平行向外移出，要求丝杠松开至尽头。

（3）拆卸模板时尽量不要使用重物敲打模具侧模，以免模具损坏或变形。

（4）拆模过程中不允许磕碰构件，要保证构件的完整性。

（5）模具侧板拆卸下来后轻拿轻放，并整齐地放到模具旁边。

（6）拆卸下来的所有工装、螺栓、各种零件等必须放到指定位置，不允许丢失，如螺栓或零件损坏，可以旧换新，超出定额部分丢失、损坏的螺栓、零件由班组自行承担。（其中拆卸下来的螺栓清理干净后放到柴油内浸泡、备用。）

（7）拆模使用的工具使用后放到工具箱内或工具台上，摆放整齐。用坏的工具可以旧换新，丢失的工具班组自行承担。

（8）保证所有需要拆卸掉的工装完全拆卸掉。

### 2. 脱　模

（1）在混凝土达到实验室规定强度后方可脱模。

（2）起吊之前，检查吊具及钢丝绳是否存在安全隐患（尤其是飘窗吊具和叠合板吊具要重点检查），如有问题不允许使用，及时上报。

（3）检查吊点、吊耳及起吊用的工装等是否存在安全隐患（尤其是焊接位置是否存在裂缝）。吊耳工装上的螺栓要拧紧（特别是门字形系列墙板使用的加固工装螺栓一定要拧紧），不允许漏放。

（4）起吊指挥人员要与吊车配合好，保证构件平稳、水平起吊，不允许发生磕碰。对重型构件（比如大飘窗）起吊时，要保证两台吊车同步起吊。

（5）起吊后的构件放到指定的构件冲洗区域，下方垫 300 mm×300 mm 木方，保证构件平稳，不允许磕碰。

（6）起吊工具、工装、钢丝绳等使用过后要存放到指定位置，妥善保管，不允许丢失，出现丢失情况由起片班组自行承担。

（7）每周必须拿到设备物资部出具的吊具、吊耳合格通知单方可使用。

3. 模具清理

（1）先用钢丝球或刮板将内腔残留混凝土及其他杂物清理干净，使用压缩空气将模具内腔吹干净，以用手擦拭手上无浮灰为准。

（2）所有模具拼接处（外叶墙侧板与底板、外叶墙侧板与侧板、窗口与底板、窗口侧板与侧板）均用刮板清理干净，保证无杂物残留。确保组模时无尺寸偏差。

（3）内、外叶墙侧板基准面的上下边沿必须清理干净，利于抹面时保证厚度要求。

（4）所有模具的工装全部清理干净，无残留混凝土。

（5）所有模具外侧要清理干净。

（6）清理下来的混凝土残灰要及时收集到指定的垃圾筒内。

4. 组　模

（1）组模前检查清模是否到位，如发现模具清理不干净，不得进行组模。

（2）组模时应仔细检查模板是否有损坏、缺件现象，损坏、缺件的模板应及时修理或者更换。

（3）选择正确型号侧板与窗口侧板进行拼装，拼装时不许漏放螺栓或各种固定零件。在拼接部位要粘贴密封胶条，密封胶条粘贴要平直、无间断、无褶皱，胶条不应在构件转角处搭接。

（4）各部位螺丝校紧，模具拼接部位不得有间隙，确保模具所有尺寸偏差控制在误差范围以内。

5. 涂刷界面剂

（1）需涂刷界面剂的模板应在绑扎钢筋笼之前涂刷，严禁界面剂涂刷到钢筋笼上。

（2）界面剂涂刷之前保证模板必须干净，无浮灰。

（3）界面剂涂刷工具为毛刷，严禁使用其他工具。

（4）涂刷界面剂必须涂刷均匀，严禁有流淌、堆积的现象。涂刷完的边模要求涂刷面水平向上放置，20 min 后方可垂直放置绑扎钢筋笼。

（5）涂刷厚度不少于 2 mm，且需涂刷 2 次，2 次涂刷时间的间隔不少于 20 min。

（6）对界面剂超出定额部分要进行处罚。

（7）盛放界面剂使用 5 L 的小桶，且每天领取一次。

6. 涂刷脱模剂

（1）涂刷脱模剂前检查模具清理是否干净。

（2）脱模剂必须采用水性脱模剂，且需时刻保证抹布（或海绵）及脱模剂干净无污染。

（3）用干净抹布蘸取脱模剂，拧至不自然下滴为宜，均匀涂抹在模具内腔及内叶墙顶部预埋钢柱上，保证无漏涂。

（4）涂刷脱模剂后的模具表面不准有明显痕迹。

（5）抹布（或海绵）要及时清洗。

7. 钢筋剪切

（1）钢材进厂前必须进行抗拉试验，合格后根据施工图纸进行加工。

（2）剪切成型的钢材尺寸偏差不得超过±5 mm，保证成型钢材平直，不得有毛茬。

（3）剪切后的半成品料要按照型号整齐地摆放到指定位置。

（4）剪切后的半成品料要进行自检，如超过误差标准严禁放到料架上。如质检员检查到料架上有尺寸超差的半成品料要对钢筋班组相关责任人进行处罚。

8. 钢筋半成品加工

（1）加工前对钢筋剪切尺寸进行检查，如钢筋剪切尺寸不合格不允许使用。

（2）箍筋加工弯折尺寸应按图加工，误差控制在±5 mm，如无特殊要求，封闭的箍筋弯钩应为 135°，弯钩平直长度不小于 $5d$（$d$ 为钢筋直径）。

（3）加工完成的半成品要进行自检，自检合格后按型号整齐地摆放到指定位置。

（4）连接套筒的套丝钢筋墩头必须双面满焊。

（5）套丝钢筋与套筒连接时必须要用台钳和管钳拧紧。

（6）套丝钢筋需严格按图加工，保证套丝长度。

（7）套丝钢筋及套筒拧紧后，应整齐地摆放到指定位置。

9. 钢筋骨架制作

（1）绑扎或焊接钢筋骨架前应仔细核对钢筋料尺寸，不合格的钢筋料不准使用，如因钢筋半成品问题导致钢筋笼不合格，责任由钢筋笼制作班组承担。

（2）外叶墙钢筋网片采用气体保护焊焊接，内叶墙钢筋笼采用绑扎形式（飘窗外叶墙钢筋网片采用绑扎，局部加厚部分采用焊接）。

（3）绑扎时必须保证所有箍筋及主筋保护层厚度，严格保证外露钢筋的外露尺寸，保证箍筋及主筋间距，所有尺寸误差不得超过±5 mm。

（4）拉筋绑扎应严格按图施工，拉筋应勾在受力主筋上，不准漏放，135°钩靠上，直角钩靠下。

（5）所有钢筋连接处必须使用绑丝绑扎，每个绑扎点使用 2 根绑丝。

（6）相邻的两个绑扎点绑扎方向不准相同，箍筋的拐角位置采用直角绑扎法。

（7）制作完成的钢筋骨架严禁私自再次剪切、割断。

（8）吊钩必须绑扎牢固。

（9）外叶墙钢筋网片在靠模上焊接，内叶墙钢筋笼使用模具侧板绑扎。

（10）钢筋笼应在指定区域绑扎，绑扎的钢筋笼要摆放整齐，保证半成品料在钢筋绑扎区域整齐摆放。

（11）不同型号飘窗外叶墙钢筋笼严禁混放，同型号钢筋笼摆放最多两层，且两层之间需垫木方。

（12）绑扎内叶墙钢筋笼时确保使用的侧模型号正确，不允许混用。

10. 剪力墙入笼及埋件安装

（1）钢筋网片经检查合格后，按规格把钢筋网片吊放入模具并调整好位置，注意钢筋网片不要拿错或放反。然后在钢筋网片指定位置垫好保护层垫块，保护层垫块按 500 mm 间距梅花状布置。

（2）钢筋笼放入模具后要检查四周和底部保护层是否符合要求，钢筋网片四边采用飞轮保证保护层，保护层误差范围为±3 mm，严重扭曲的钢筋笼不得使用。

（3）各种埋件（预埋螺栓等）需固定在指定位置，预留孔中心线偏差不超过±5 mm，保证螺栓垂直，垂直度≤1/40。预埋螺栓要严格按照图纸要求加工制作或采购。

（4）外叶墙中含有挤塑板的，安装的挤塑板必须与模具底板和侧板靠严，不允许有缝隙，同时安放塑料钉，塑料钉不允许漏放、少放，固定好位置后用工装压紧。

（5）飘窗外叶墙钢筋笼安装时要注意两层钢筋网片中间的挤塑板要保持垂直，安装好位置后要使用工装固定压紧。

11. 剪力墙混凝土浇筑及振捣

（1）浇筑前检查混凝土坍落度是否符合要求，过大或过小不允许使用，且要料时不准超过理论用量的2%。

（2）浇筑时尽量避开外叶墙预埋件处，避免碰偏预埋件。

（3）浇筑时控制混凝土厚度，在达到设计要求时停止下料。

（4）无特殊情况时必须采用固定在模具上的振动电机进行整体振捣，如有特殊情况（如坍落度过小、局部堆积过高等）时可以采用振捣棒振捣。振捣至混凝土表面无明显气泡溢出，保证混凝土表面水平，无突出石子。

（5）严格控制外叶墙浇筑厚度，浇筑过程中应使用测量工具随时测量混凝土厚度。模具底板需定期检查，确保底板各部位固定牢固，且保持水平。浇筑时尽量避免浇到模具内腔以外，如出现该情况应及时清理。有洒落到地上的混凝土也要及时清理，浇筑后剩余的混凝土要放到指定料斗里，严禁随地乱放。

12. 隔墙预埋件（内螺纹套筒、86电器盒、镀锌管、套筒）安装

（1）安装埋件之前检查所有工装是否有损坏、变形现象，如有变形现象，禁止使用。

（2）利用工装保证预埋件及电器盒位置，将工装固定在内叶墙模具侧模上。

（3）所有预埋的内螺纹套筒下部严禁漏穿钢筋，且保证每个内螺纹套筒上均有一根钢筋，保证螺纹套筒在钢筋的中间。

（4）保证电器盒上表面与内叶墙混凝土上表面平齐，线管需绑扎在内叶墙钢筋骨架上，所有埋件不允许倾斜，所有埋件上口需封堵严实，以免进浆。

（5）所有内螺纹套筒的上表面低于混凝土表面10 mm，允许误差2 mm。

（6）安装套筒时要保证与内叶墙底边模板垂直，套筒端头与模板间隙控制在0.5 mm之内。

（7）安装埋件过程中，严禁私自弯曲、切断或更改已经绑扎好的钢筋笼。

13. 隔墙浇筑及振捣

（1）浇筑前检查混凝土坍落度是否符合要求，过大或过小不允许使用，且要料时不准超过理论用量的2%。

（2）浇筑时尽量避开预埋件及预埋件工装。

（3）浇筑时控制混凝土厚度，在基本达到厚度要求时停止下料。混凝土上表面与侧模上沿需保持在同一个平面上，不允许高于或低于侧模上沿。

（4）振捣方式采用振捣棒振捣，振捣至混凝土表面无明显气泡溢出，保证混凝土表面水平且有5 mm以上的浮浆，无石子外露。

14. 混凝土抹面

抹面次数应不少于三次。

（1）先使用刮杠将混凝土表面刮平，确保混凝土厚度不超出模具上沿。

（2）用塑料抹子粗抹，做到表面基本平整，无外露石子，外表面无凹凸现象，四周侧板的上沿（基准面）要清理干净，避免边沿超厚或有毛边。此步完成之后需静停不少于 1 h 再进行下次抹面。

（3）将所有埋件的工装拆掉，并及时清理干净，整齐地摆放到指定位置，锥形套留置在混凝土中，并用泡沫棒将锥形套孔封严，保证锥形套上表面与混凝土表面平齐。

（4）使用铁抹子找平，特别注意埋件、线盒及外露线管四周的平整度，边沿的混凝土如果高出模具上沿要及时压平，保证边沿不超厚并无毛边。此道工序需将表面平整度控制在 3 mm 以内，此步完成需静停 2 h。

（5）使用铁抹子对混凝土上表面进行压光，保证表面无裂纹、无气泡、无杂质、无杂物，表面平整光洁，不允许有凹凸现象。此步应使用靠尺边测量边找平，保证上表面平整度在 3 mm 以内。

15. 墙板的冲洗、修补、打磨

（1）检查：拆模后的墙板先平放到冲洗区进行外观检查，检查项目有墙板平整度、外形尺寸（包含内叶墙尺寸、外叶墙尺寸、墙板厚度、窗口尺寸）、埋件位置、外露钢筋长度及间距、挤塑板清洁度，拉结件安装质量等。

（2）冲洗要求：将墙板表面浮灰冲洗干净，便于修补；将挤塑板及外露钢筋上的残留混凝土冲洗干净；将套筒及 PVC 管内部冲洗干净，以无浮灰为准。根据检查结果作如下处理：

① 检查完全合格的墙板，可经过冲洗及打上标识后存放。

② 对有严重缺陷的墙板（如埋件漏放、错放，影响到受力钢筋、拉结件、套筒及预埋件锚固的墙板破损）作报废处理。

③ 对于外观有气泡、表面龟裂或不影响结构的裂纹、局部除第②条所述的破损、轻微漏振等现象，可冲洗后进行修补，修补处要保证与周边平整度、颜色一致，棱角分明。

④ 对于平整度超差或外形尺寸超差及边角毛边处要进行打磨处理，保证内叶墙板平整度误差控制在±4 mm，厚度误差±3 mm，长宽误差±5 mm。要求打磨处要平整光洁、棱角处无毛边。

16. 墙板打号、标识

（1）打号示例：logo（项目名称）4F-YQB4-3
2011-9-14
墙板拼装顺序的编号

（2）打号位置：待定（分各类型产品）。

（3）打号标准：打号准确无误，字迹清晰、整齐、整洁。

17. 存放与运输

（1）墙板存放应使用专用的存放架，存放架应采用地脚螺栓或焊接等方式固定在地面上。存放架上方用于隔断墙板的槽钢要使用帆布或胶皮等柔软材料包裹好，避免磕碰或摩擦墙板表面。存放时，墙板内叶墙下方应垫好木方，上方应垫好木楔，木楔应用塑料布包裹好。

（2）飘窗板存放应使用飘窗板专用的存放架，存放架应采用地脚螺栓或焊接等方式固定在地面上。存放时，墙板飘窗上下应垫好橡胶皮，飘窗上方应用专用的固定工装固定好。

（3）阳台板应放在指定的存放区域，存放区域地面应保证水平。阳台板采用水平放置，层间用木方隔开，层数不超过 2 层。

（4）叠合板应放在指定的存放区域，存放区域地面应保证水平。叠合板应分型号码放，水平放置，层间用木方隔开，层数不超过 6 层。

（5）楼梯板应放在指定的存放区域，存放区域地面应保证水平。楼梯板应分型号码放，下方应垫木方。

（6）装饰板应放在指定的存放区域，存放区域地面应保证水平。装饰板采用水平放置，层间用木方隔开，层数不超过 4 层。

18. 预制混凝土构件质量检查表（附表 1-1 ~ 附表 1-6）

附表 1-1　钢筋剪切及加工质量检查

| 序号 | 检查内容 | 检查标准 | 检查人 | 频次 |
| --- | --- | --- | --- | --- |
| 1 | 剪切尺寸 | ±10 mm | 质检员 | 抽检 |
| 2 | 箍筋弯折尺寸 | ±4 mm | 质检员 | 抽检 |
| 3 | 弯钩长度 | ±10*d* | 质检员 | 抽检 |
| 4 | 套丝长度 | 0 ~ 2 mm | 质检员 | 必检 |
| ★5 | 套丝钢筋与套筒的紧固程度 | 利用力矩扳手测试 | 质检员 | 必检 |

注：表中加★的项目为重点检查项目，下同。

附表 1-2　外叶墙浇筑前质量检查

| 序号 | 检查内容 | 检查标准 | 检查人 | 频次 |
| --- | --- | --- | --- | --- |
| ★1 | 脱模油涂刷质量 | 光亮无痕迹，模具内腔无杂物，钢筋网片无污染 | 质检员 | 必检 |
| 2 | 合模尺寸 | ±2 mm | 质检员 | 抽检 |
| 3 | 模具对角线 | ±3 mm | 质检员 | 抽检 |
| 4 | 侧模垂直度 | 1 mm（直角尺测量） | 质检员 | 抽检 |
| 5 | 钢筋网片尺寸 | ±10 mm | 质检员 | 抽检 |
| 6 | 钢筋网片网眼尺寸 | ±20 mm | 质检员 | 抽检 |
| ★7 | 保护层 | ±3 mm | 质检员 | 抽检 |
| ★8 | 埋件中心线位置 | ±5 mm | 质检员 | 必检 |
| 9 | 埋件安装垂直度 | 1/40 | 质检员 | 抽检 |
| 10 | 埋件安装数量 | 不允许漏放 | 质检员 | 必检 |
| ★11 | 预留孔中心线位置 | ±5 mm | 质检员 | 必检 |
| 12 | 预留孔尺寸 | 0 ~ 8 mm | 质检员 | 抽检 |
| 13 | 木砖数量 | 不允许漏放 | 质检员 | 必检 |
| 14 | 木砖高度 | ±2 mm | 质检员 | 抽检 |

附表 1-3　内叶墙浇筑前质量检查

| 序号 | 检查内容 | 检查标准 | 检查人 | 频次 |
|---|---|---|---|---|
| 1 | 挤塑板拼装缝 | 0 ~ 3 mm | 质检员 | 必检 |
| ★2 | 合模尺寸 | ±2 mm | 质检员 | 必检 |
| 3 | 模具对角线 | ±3 mm | 质检员 | 抽检 |
| 4 | 侧模垂直度 | 1 mm（直角尺测量） | 质检员 | 抽检 |
| ★5 | 拉结件位置 | ±10 mm | 质检员 | 必检 |
| ★6 | 拉结件安装深度 | 0 ~ 2 mm | 质检员 | 必检 |
| 7 | 拉结件完整程度 | 不允许任何损坏 | 质检员 | 抽检 |
| 8 | 拉结件安装垂直度 | 1/40 | 质检员 | 抽检 |
| 9 | 拉结件安装数量 | 不允许任何损坏 | 质检员 | 必检 |
| 10 | 钢筋笼长度尺寸 | ±10 mm | 质检员 | 抽检 |
| 11 | 钢筋笼宽度尺寸 | ±5 mm | 质检员 | 抽检 |
| 12 | 钢筋笼高度尺寸 | ±10 mm | 质检员 | 抽检 |
| ★13 | 主筋位置、间距 | ±5 mm | 质检员 | 必检 |
| 14 | 箍筋间距 | ±20 mm | 质检员 | 抽检 |
| 15 | 保护层 | ±3 mm | 质检员 | 抽检 |
| ★16 | 外露钢筋尺寸 | 0 ~ 5 mm | 质检员 | 必检 |
| 17 | 吊钩安装质量 | 钢筋型号、锚固长度、外露长度 | 质检员 | 必检 |
| ★18 | 套筒中心线位置 | ±3 mm | 质检员 | 必检 |
| 19 | 套筒数量 | 不允许漏放，同时检查套筒与套丝钢筋的紧固程度 | 质检员 | 必检 |
| 20 | 套筒与侧模缝隙 | 0 ~ 1 mm | 质检员 | 必检 |
| 21 | 埋件中心线位置 | ±5 mm | 质检员 | 必检 |
| 22 | 埋件安装数量 | 不允许漏放 | 质检员 | 必检 |
| 23 | 埋件下方穿孔钢筋 | 钢筋型号、长度，埋件位于钢筋中心 | 质检员 | 必检 |
| 24 | 电器盒型号及数量 | 严格按图纸安装 | 质检员 | 必检 |
| 25 | 电器盒中心线位置 | ±5 mm | 质检员 | 抽检 |
| ★26 | 电器盒偏斜 | 不允许偏斜 | 质检员 | 必检 |
| ★27 | 电器盒高度 | −2 ~ 0 mm | 质检员 | 必检 |

附表 1-4　拆模后质量检查

| 序号 | 检查内容 | 检查标准 | 检查人 | 频次 |
|---|---|---|---|---|
| 1 | 长、宽 | 外叶墙±3 mm，内叶墙±5 mm | 质检员 | 抽检 |
| ★2 | 厚　度 | ±3 mm | 质检员 | 必检 |
| 3 | 对角线 | 5 mm | 质检员 | 抽检 |
| ★4 | 表面平整度 | 5 mm | 质检员 | 必检 |

续表

| 序号 | 检查内容 | 检查标准 | 检查人 | 频次 |
|---|---|---|---|---|
| 5 | 窗口长、宽 | 3 mm | 质检员 | 抽检 |
| 6 | 埋件中心线位置 | ±5 mm | 质检员 | 抽检 |
| 7 | 埋件数量及型号 | 不允许漏放、错放 | 质检员 | 必检 |
| 8 | 外露钢筋尺寸 | 0～5 mm | 质检员 | 抽检 |
| ★9 | 外观质量 | 观察外观是否存在观感缺陷 | 质检员 | 必检 |
| ★10 | 内螺纹埋件锥形口 | 观察是否规则、平整 | 质检员 | 必检 |

附表 1-5　打磨质量检查

| 序号 | 检查内容 | 检查标准 | 检查人 | 频次 |
|---|---|---|---|---|
| ★1 | 平整度 | 5 mm | 质检员 | 必检 |
| 2 | 直角处毛边 | 不允许有毛边 | 质检员 | 抽检 |
| 3 | 内叶墙粗糙面 | 将外露钢筋根部周围的多余混凝土清理干净，保证粗糙面美观 | 质检员 | 抽检 |

附表 1-6　发货前质量检查

| 序号 | 检查内容 | 检查标准 | 检查人 | 频次 |
|---|---|---|---|---|
| 1 | 外露挤塑板清洁度 | 无破损，无浮灰 | 质检员 | 必检 |
| 2 | 挤塑板缝隙粘胶带 | 整洁美观，无漏贴 | 质检员 | 必检 |
| ★3 | 套筒清洁度 | 套筒内无浮灰 | 质检员 | 必检 |
| ★4 | 线　管 | 无堵塞 | 质检员 | 必检 |
| 5 | 修补质量 | 颜色一致、平整光洁、棱角分明 | 质检员 | 抽检 |
| 6 | 外露钢筋清洁度 | 无混凝土残留 | 质检员 | 抽检 |
| 7 | 外露钢筋垂直度 | 平直、垂直 | 质检员 | 抽检 |
| 8 | 打号、标识 | 准确无误，字迹清晰、整齐、整洁 | 质检员 | 必检 |

## 四、PC 构件检验步骤

1. 钢筋加工检查

对钢筋剪切加工过程进行抽样检查，剪切尺寸误差控制在±10 mm，箍筋弯折尺寸误差控制在±5 mm。抽查频率不得小于 10%。

2. 剪力墙钢筋网片检查

检查钢筋网片横纵筋型号是否正确，网片尺寸误差控制在±10 mm，钢筋网片网眼尺寸控制在±20 mm，每片钢筋笼至少检查 10 个点。

3. 剪力墙模具检查

用卷尺对模具长、宽、高、对角线分别进行测量，长、宽、高误差控制在±2 mm，对角线误差控制在±3 mm，每项检查至少 3 个点。

4. 界面剂及脱模油检查

用肉眼观察界面剂及脱模油是否涂刷到位，表面是否光亮无痕迹，模具内腔有无杂物，钢筋网片有无污染。

5. 预埋件检查

核对图纸检查预埋件种类及数量，用卷尺实测尺寸，中心位置误差控制在±5 mm。

6. 浇筑振捣检查

浇筑前确保混凝土强度等级正确，浇筑时检查混凝土状态，如发现状态不好、坍落度过大或过小禁止使用。

外叶墙振捣采用机械振捣，特殊情况可以采用振捣棒振捣，振捣时观察混凝土状态，确保无明显气泡溢出。

7. 隔墙模具检查

用卷尺测量模具长、宽、高、对角线长度，长、宽、高尺寸误差控制在±2 mm，对角线尺寸控制在±3 mm，每项检查至少 3 个点。

8. 隔墙钢筋笼检查

检查各部位钢筋型号是否正确，用卷尺对钢筋笼钢筋间距进行测量，主筋位置误差控制在±5 mm，箍筋位置尺寸控制在±20 mm，外露筋长度误差控制在 0 ~ 5 mm。重点检查与套筒连接钢筋的连接情况和吊钩安装情况，确保套筒使用力矩扳手校紧。吊钩型号及锚固长度，每片钢筋笼至少检查 10 个点。

9. 预埋件检查

核对图纸检查预埋铁件型号及位置，位置尺寸误差控制在±5 mm，且下方传筋型号正确。检查电气盒预埋情况，尺寸误差控制在±5 mm，并确保电气盒口与内叶墙表面平齐，不得出现偏斜现象。

10. 隔墙浇筑及振捣检查

浇筑前确保混凝土强度等级正确，浇筑时检查混凝土状态，如发现状态不好、坍落度过大或过小禁止使用。

内叶墙振捣采用振捣棒振捣，振捣时观察混凝土状态，确保无明显气泡溢出。

11. 隔墙抹面检查

保证抹面次数不少于 4 次，抹面时必须使用刮杠拉面，以确保表面平整度。平整度误差控制在±5 mm。

12. 拆模检查

拆模后检查构件结构尺寸及有无破损情况，结构尺寸误差控制在±3 mm，平整度控制在±5 mm。若有破损情况应及时进行修补，修补要求颜色一致、表面平整。

# 附录二　构件厂安全生产责任制管理办法

## 构件厂安全生产责任制管理办法

### 第一章　目　的

为加强工厂生产工作的劳动保护，改善劳动条件，保护员工在生产过程中的安全和健康，促进工厂的发展，根据国家有关劳动保护的法律、法规，结合工厂的实际情况，特制定本办法。

### 第二章　适用范围

本办法适用于生产车间及生产中心各部门。

### 第三章　特定术语（略）

### 第四章　相关部门/人员的职责

**第一条**　总经理（安全生产委员会主任）

（一）全面负责工厂安全生产、防火安全、安全教育管理、安全事故处理工作。

（二）研究制定安全管理技术措施和劳动保护计划。

**第二条**　生产负责人（生产厂长、生产经理）（安全生产委员会副主任）

（一）制定安全生产管理制度，制订安全生产工作计划。

（二）实施安全生产的检查和监督。

（三）安全教育工作的实施与监督检查。

（四）配合、指导安全生产委员会开展事故的调查处理等工作。

**第三条**　安全生产委员会成员（包括安全员、各部门负责人、车间主任）

（一）对新员工、临时工、实习人员，必须先进行所在部门、班组、岗位安全生产三级教育。

（二）劳动场所安全管理。

（三）生产设备安全管理。

（四）易燃、易爆物品安全管理。

（五）职业危害的预防与治疗。

（六）安全生产检查。

（七）对在安全生产方面有突出贡献的团体和个人，给予奖励；对违反安全生产制度和具体管理规定造成事故的责任者，要给予严肃处理；触及法律的依法追究其法律责任。

（八）安全事故的处理及调查。

### 第五章　主题内容

**第一条**　现场安全管理

（一）劳动场所的布局要合理，保持清洁、整齐，对于有毒、有害的作业，必须配备防护设施。

（二）生产用房、建筑物必须坚固、安全；通道平坦、顺畅、要有足够的光线；为生产所设的走台、升降口等有危险的处所，必须有安全设施和明显的安全警示标志。

（三）有高温、低温、潮湿、雷电、静电等危险的劳动场所，必须采取相应的有效防护措施。

（四）雇请外单位人员在厂区内的场地进行施工作业时，安全办应加强管理，对违反作业规定并造成工厂财产损失的，需向其索赔并对其严加处理。

（五）库房要定期进行通风降温、降湿，保持库内温、湿度达到规定的标准，库房内应装置烟雾报警器，照明灯具要装置防爆设备。

（六）凡新建、改建、扩建、迁建生产场地以及技术改造工程，都必须安排劳动保护设施的建设。

**第二条** 设备安全操作

（一）各种生产设备和仪器要正确使用、经常维护、定期检修，不符合安全要求的陈旧设备，应有计划地更新和改造。

（二）各种压力容器设备要定期检修维护，认真配合国家劳动部门实施年检。操作人员要认真记录工作日志。压力容器上主要安全部件要定期送到国家指定部门进行校验。

（三）电气设备和线路应符合国家有关安全规定。具体要求有以下几点。

1. 电气设备应有可熔保险和漏电保护，绝缘必须良好，并有可靠的接地或接零保护措施。

2. 有易燃易爆危险品的工作场所，应配备防爆型电气设备。

3. 潮湿场所和移动式的电气设备，应采用安全电压。

4. 电气设备必须符合相应防护等级的安全技术要求。

**第三条** 防火、防爆

（一）易燃、易爆物品的运输、存储、使用、废品处理等，必须设有防火、防爆设施，严格执行安全操作守则和定员、定量、定品种的安全规定。

（二）易燃、易爆物品的使用和存储地点严禁烟火，并严格消除可能发生火灾的一切隐患。

（三）在易燃、易爆物品附近需要动用明火时，必须进行以下申请审批程序，并且在作业过程中采取妥善的防护措施，在专人监护下进行：

1. 一级动火作业由申请人填写动火申请表并编制安全技术措施方案，报生产负责人审查批准后方可进行。

2. 二级动火作业由申请人填写动火申请表并编制安全技术措施方案，报车间负责人和安全员审查批准后方可进行。

3. 三级动火作业由申请人填写动火申请表，经班组负责人和安全员审查批准后方可进行。

**第四条** 职业病预防与治疗

（一）根据工作性质和劳动条件，为员工配备或发放劳动保护用品。发放标准按照《企业职工劳保用品发放标准》并结合工厂实际情况由人力资源部制定。

（二）各生产车间必须指导员工正确使用劳动保护用品，并随时检查员工使用情况。

（三）做好防暑降温、防冻、防噪声、防粉尘工作，进行经常性的卫生监测，对超过国家安全卫生标准的作业点，应进行技术改造或采取卫生防护措施，不断改善劳动条件。

（四）对工厂员工每年定期体检，对确诊为职业病的患者，应立即上报人力资源部，由人力资源部上报安全生产委员会并视情况调整其工作岗位，同时做出治疗或疗养的决定。

（五）禁止安排女员工在怀孕期、哺乳期从事影响胎儿、婴儿健康的有毒、有害工作。

**第五条** 安全检查

（一）安全生产委员会对公司进行全面安全检查每年不少于四次，每季度保证一次，各车间每月不少于四次，每周保证一次，各生产班组应实行班前班后检查制度，特殊工种和设备的操作者应进行每天检查，检查时要认真做好记录和总结。

（二）发现安全隐患，必须及时整改，并跟踪存在安全隐患单位的整改情况，直至符合整改要求为止。

**第六条** 奖励与惩罚

（一）对认真执行工厂颁布的各项安全生产制度、防止事故发生和职业病危害做出贡献的集体和个人，有下列情况之一的，给予适当奖励：

1. 对安全生产的合理化建议被采纳，且有明显效果的。

2. 制止违章指挥、违章作业且避免事故发生的。

3. 及时发现或消除重大事故隐患，避免重大事故发生的。

4. 对抢险救灾有功的。

5. 积极参加工厂、部门组织的各种形式的安全生产活动，被评为先进集体或个人的。

6. 被评为安全生产积极分子并给予表彰和奖励的。

7. 对消防、安全工作和其他方面做出特殊贡献的。

（二）奖励程序：

1. 安全生产先进个人由车间主任汇总材料并上报安全生产委员会审批。

2. 先进集体由安全生产委员会委员提出意见，上报委员会审批。

（三）对有下列情形之一的应予惩罚：

1. 事故责任者。

2. 违章指挥或强行命令员工冒险作业导致事故发生的。

3. 违章违纪，情节严重、性质恶劣的。

4. 破坏或伪造事故现场，隐瞒或谎报事故的。

5. 事故发生后，不采取措施，导致事故扩大或重复事故发生的。

6. 对坚持原则、认真维护各项安全生产工作制度的人员进行打击报复的。

7. 其他各种违反安全生产规章制度并造成严重后果的。

8. 对提出的整改意见有条件整改而拖延整改的责任人。

9. 擅自挪用消防器材、损坏消防器材的。

（四）惩罚类型：

1. 经济处罚：根据危害程度和损失情况，责任大小，可采取罚款 100 ~ 1000 元、赔偿损失的 3% ~ 50%、降低工资、扣除奖金等措施。

2. 行政处罚：根据危害程度、损失情况、责任大小可对其采取警告、辞退警告、降职、降级、留用察看、辞退、开除等处罚措施。

3. 性质特别严重、情节恶劣、触犯刑律者，追究法律责任。

（五）处罚程序

1. 经济处罚由安全生产委员会提出，经生产部负责人审批后报人力资源部执行。

2. 行政处罚由安全生产委员会提出，按工程有关规定参照任命程序，上报生产部负责人审批后执行。

**第七条** 安全事故的处理与调查

（一）事故报告

1. 事故最先发现者，除立即采取紧急措施处理外，应同时向本人直接领导和有关部门报告，而后逐级上报，对重大事故，应立即向主管领导及相关部门报告。

2. 发生死亡、重大伤亡事故的部门应保护好事故现场，并迅速采取措施抢救人员和财产，防止事故扩大。

3. 发生重大火灾、化学爆炸及多人伤亡（含急性中毒）的事故应同时立即报告消防部门。

4. 发生事故的部门应填写事故报告，经主管领导审查后，报送上级领导，一般事故不超过 1 d，重大事故不超过 1 h，对重大事故，应写出调查报告。

（二）事故抢救

1. 一旦发生事故，必须积极组织抢救，妥善处理，以防事故蔓延扩大。

2. 发生事故时，各级领导应亲临现场，直接指挥组织抢救，并注意保护事故现场。

3. 对有毒、有害物料大量外泄的事故场所和火场，必须设立警戒线，抢救人员应佩戴好防毒面具，对中毒、灼伤、烫伤人员应及时进行抢救。

（三）事故调查和处理

1. 发生事故后，所在单位和部门都要按“三不放过”（即事故原因没有查清不放过、事故责任者和周围群众没有受到教育不放过、没有防范措施不放过）的原则，调查分析，找出原因，查明责任，确定改进的措施。

2. 一般事故或重大未遂事故，应在事故发生当天由车间主任及安全员组织调查分析。

3. 重大事故，由安全生产委员会及时组织有关部门进行调查和分析。

4. 伤亡事故的调查处理按国务院《工厂职工伤亡事故报告和处理规定》《工伤保险条例》和《工厂职工伤亡事故调查分析规则》的规定执行。

5. 死亡事故由安全委员会会同当地劳动、公安、人民检察院及其他有关部门人员和专家组成事故调查组进行调查。

6. 在事故调查中，要实事求是地分清事故的性质和责任，并提出处理意见，对事故责任者的处分，可根据事故大小、损失多少、情节轻重以及影响程度等情况，令其赔偿经济损失或给予行政警告、记过、降职、降薪、撤职、留厂察看、开除等处分，直至追究刑事责任。

7. 对一般事故责任者的处理意见，由所在车间提出，经安全员审核报安全生产委员会批准；对重大事故，应由调查组提出处理意见，报总经理批准；对重大责任事故、破坏性事故需追究刑事责任的，应移交司法机关依法处理。

8. 对发生事故隐瞒不报、谎报、故意拖延不报或破坏事故现场以及无正当理由拒绝调查的单位和个人，要追究其责任，从严处理；对防止和抢救事故有功的单位和个人，应予以表彰和奖励。

**第八条**　安全生产教育

（一）三级安全教育

1. 工厂级教育（一级）由安全员负责主讲，内容包括国家有关安全生产的方针、政策、法规、制度及安全生产的重要意义，一般安全知识，本厂生产特点，重大事故案例，厂规、厂纪以及入厂后的安全注意事项，工业卫生和职业病预防等知识。

2. 车间级教育（二级）由生产经理、车间主任负责主讲，内容包括车间生产特点、工艺及流程、主要设备的性能、安全技术制度、事故教训及安全注意事项等。

3. 班组级教育（三级）由车间主任、班组长负责主讲，内容包括岗位生产任务、特点，主要设备结构原理、操作注意事项，岗位责任、岗位安全技术规程，事故案例及防护措施，安全装置和工（器）具、个人防护用品、防护器具和消防器材的使用方法等。

（二）对从事压力容器设备、电气、车辆驾驶、易燃易爆等特殊工种的人员，必须进行专业安全技术培训，经过有关部门考核取得合格操作证后，才能准其独立操作，严禁无证人员操作，对特殊工种的在岗人员，必须进行经常性的安全教育。

（三）必须对车间内部调动的员工进行二级或三级安全教育，并进行岗位培训与考核，成绩记入其本人档案内，考核成绩合格后方准上岗作业。

（四）进入工厂参观、学习的人员，安全员负责对其进行安全注意事项教育并指派专人负责带队。

（五）部门直接领导对员工进行经常性的安全思想、安全技术和遵章守纪教育，增强员工的安全意识和法制观念，定期研究员工安全教育中的有关问题。

（六）各班组应定期开展安全活动，每周一次班组安全会。

（七）在大修或重点项目检修以及进行重大危险性作业（含重点施工项目）时，安全员及生产经理应督促指导各检修（施工）单位进行检修（施工）前的安全教育。

（八）员工违章及重大事故责任者和工伤人员复工，应由所属车间主任、安全员进行安全教育，并将内容记入员工档案内。

（九）对特种作业人员，按各车间的有关规定期限组织复审。

（十）在新工艺、新技术、新设备、新材料、新产品投产前要按新的安全操作规程，对岗位作业人员和有关人员进行专门安全教育，考试合格后方能进行独立作业。

（十一）发生重大事故和恶性未遂事故后，应组织有关人员进行现场教育，吸取事故的教训，防止类似事故再次发生。

（十二）各部门各级管理人员的安全生产技术考核由各部门负责人组织进行，考核内容如下：

1. 国家有关安全生产和劳动保护的方针、政策、法规、制度和标准。

2. 各项安全生产管理制度。

3. 生产工艺和特点。

4. 所接触的易燃易爆、有毒有害物质的理化性质、对人体的危害、预防措施和急救处理原则。

5. 所管部门或业务范围内要害岗位的安全管理制度和注意事项。

6. 各类安全装置的种类和作用以及管理方法。

7. 劳动保护用品和器具以及消防器材的正确使用方法。

（十三）工人的安全技术考核，由安全生产委员会成员负责组织，考核内容如下：

1. 国家有关安全生产和劳动保护方针、政策、法规、制度和标准。

2. 本工厂的生产特点以及所接触的易燃易爆、有毒有害物质的理化性质、对人体的危害、预防方法和急救处理原则。

3. 本工厂的各项安全生产规程和管理制度。

4. 本工厂的各类安全装置的类型、作用及其维护保养方法。

5. 本工厂的劳动保护用品器具以及消防器材的正确使用方法。

6. 本工厂的工艺流程的开停机安全注意事项。

## 第六章　制定原则和依据文件

**第一条** 《工厂职工伤亡事故报告和处理规定》

**第二条** 《工伤保险条例》。

**第三条** 《工厂职工伤亡事故调查分析规则》

## 第七章　附则

**第一条**　本管理制度自 2016 年 6 月 1 日起开始执行

# 附录三 ××公司PC构件奖惩实施细则

## ××公司PC构件奖惩实施细则

为有效控制构件生产质量，提高全体员工的质量意识，加强生产质量管理，确保管理体系正常运行，不断提高管理水平和生产实际质量，为企业树立形象，打造精品构件，从而达到国内一流品质，结合本公司实际生产情况制定本制度。

**一、质量管理架构**

总经理对产品质量负主要责任，由副总负责具体质量管理工作，生产经理负责落实传达及监督质量管理工作，生产部与质检组做好质量管理工作，质检组长、实验室主管与生产部车间各线长负责具体实施工作。

全员参与质量管理工作与质量提升工作，提高一线工人的质量意识，强化技术工人的职业技能，细化生产过程中的质量控制，严格执行质量管理流程及质量标准；进一步提高质检员的质量意识，优化生产流程，切实有效保证产品质量；优化产品的生产工艺，提高生产效率；提高技术人员的技术能力，提高整体技术水平；从工艺流程和技术角度优化混凝土配合比，节省原材料用量；保证产品的整体质量达到行业领先水平。

质量管理架构见附图3-1。

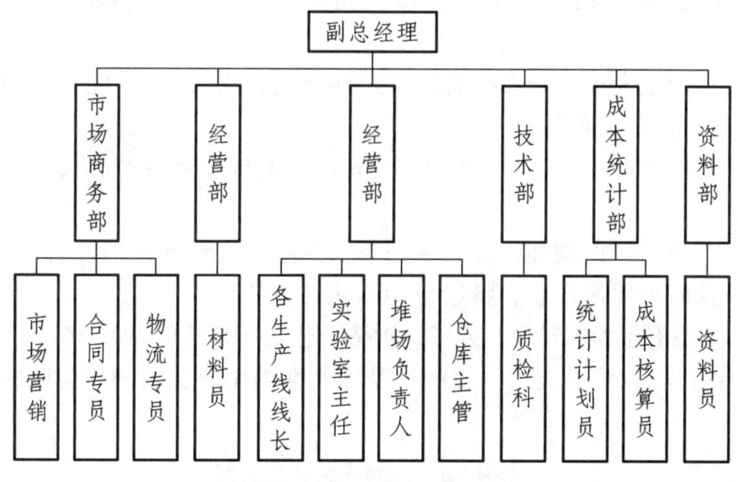


附图3-1 质量管理架构

**二、质量考核**

每月召开一次质量考核大会，总结一个月的产品质量考核情况；质量考核会，每周五召开，汇总一周发生的质量问题并提出解决方案及措施。公司全体员工均可申报对自己或他人的质量奖罚；并按程序填写《奖惩登记表》，进行逐级审批。PC预制构件的质量考核按照生产线生产任务单形式进行考核。

**三、质量奖励处罚细则**

（一）奖励细则

1. 发现非本职范围内质量问题，并已处理正确给予奖励50元。

2. 发现设计方面质量问题，经落实有误，并已作更正给予奖励 20 元。

3. 举报违章作业（违背合理设计、工艺等）给予奖励 30 元。

4. 对工艺、工装和流程提出合理化质量改进建议被采纳，对质量确有根本性提高，根据贡献大小给予奖励 100 ~ 500 元。

5. 本人工作半年/全年内无质量问题，对别人能起到模范带头作用，根据贡献大小给予奖励 100 ~ 500 元。

（二）处罚细则

1. 报检不合格/ QC 漏检 50 元，月内第二次发生的给予处罚 100 元。

2. 因操作失误，导致产品超差，造成返工、返修或报废，给予处罚 50 ~ 100 元，并根据损失情况给予赔偿。

3. 上工序有明显错误，下工序未发现而造成损失，上工序赔 100%，下工序赔 50%。

4. 隐瞒质量差错或擅自处理废品，一经发现将给予开除处理。

5. 操作者作业失误后不接受品管意见且顶撞，罚款 100 元，情节严重者给予开除处理。

6. 一个月内发生三次以上质量问题，根据情况加重处罚 100 ~ 500 元罚款，直接上级负连带责任，当事人调离岗位，或降工资以至劝退。

7. 出现整批性质量错误，责任者罚款 100 元并赔偿损失，直接上级罚款 50 元。

8. 造成重大质量事故（指损失达 500 元以上者）的部门（生产线），部门（生产线）主管及直接生产线长视情节连带处罚。

9. 自检员漏检或错判，根据情况给予 50 元罚款处罚，并赔偿损失，生产线长负连带责任罚款 30 元。

10. 技术部接到图纸变更，未及时通知生产项目进行更改，将给予技术负责人 50 元罚款处罚，并根据损失大小进行赔偿。

11. 接到相关文件和资料，未及时处理或处理不当造成差错视情况大小给予 50 ~ 100 元罚款处罚，并赔偿损失。

12. 质量记录不全，无追溯性，或质量记录未按时交资料部存档，给予 50 元罚款处罚。

13. 质检员未及时做质量记录，将给予 100 元罚款处罚。

14. 违章操作（没有报检即转序、入库，没按工艺及图纸操作等），将给予 100 元罚款处罚。

（三）因工作责任心或业务能力导致的产品保修期内用户反馈的质量问题处罚细则（附表 3-1）

附表 3-1　质量问题处罚细则

| 质量损失类别 | 第一责任人（70%） | 第二责任人（20%） | 第三责任人（10%） |
| --- | --- | --- | --- |
| 设计错误，未审核发现导致的质量损失 | 直接设计者 | 设计审核者 | 直接领导 |
| 自制件品质不合格导致的质量损失 | 直接操作者 | 品管 QC | 车间直接领导 |
| 外购件品质不合格导致的质量损失 | 采购执行者 | 品管 QC | 采购主管 |
| 安装不合格导致的质量损失 | 安装员工 | 安装经理 | 直接领导 |
| 合同订单下达错误导致的质量损失 | 订单下达者 | 下达订单的部门直接领导 | 订单的设计评审者 |

## 四、质量考核细则

（一）钢筋剪切

剪切成型的钢材尺寸偏差不得超过±5 mm，保证成型钢材平直，不得有毛茬，一经发现罚款 50 元；如经质检员检查，钢筋剪切工序长时间按照检查标准执行，对钢筋剪切班组奖励 100 元。

（二）钢筋绑扎

1. 绑扎时必须保证所有箍筋及主筋保护层厚度，严格保证外露钢筋的外露尺寸，保证箍筋及主筋间距，所有尺寸误差不得超过±5 mm，一经发现罚款 50 元。

2. 拉筋绑扎应严格按图施工，拉筋应勾在受力主筋上，不准漏放，135°钩靠上，直角钩靠下，一经发现错误的罚款 50 元。

3. 所有钢筋连接处必须使用绑丝绑扎，每个绑扎点使用两根绑丝，否则一经发现罚款 50 元。

4. 相邻的两个绑扎点绑扎方向不准相同，箍筋的拐角位置采用直角绑扎法，否则一经发现罚款 50 元。

5. 吊钩必须绑扎牢固，否则一经发现罚款 50 元。

如经质检员检查，钢筋绑扎工人长时间按照检查标准执行，对钢筋绑扎工人奖励 50 元。

（三）拆　模

1. 拆模之前需做同条件试块的抗压强度试验，试验结果达到 20 MPa 方可拆模，否则一经发现罚款 50 元。

2. 将模具及窗口侧板拆开，拆卸过程中要保证模具侧板平行向外移出，要求丝杠松开至尽头，否则一经发现罚款 50 元。

3. 拆卸模板时尽量不要使用重物敲打模具侧模，以免模具损坏或变形，否则一经发现罚款 50 元。

（四）脱　模

1. 在混凝土强度达到 20 MPa 后方可脱模，否则一经发现罚款 100 元。

2. 起吊之前，检查模具及工装是否拆卸完全，如未拆模完全，不允许起吊，否则一经发现罚款 100 元。

3. 起吊之前，检查吊具及钢丝绳是否存在安全隐患（尤其是飘窗吊具和叠合板吊具要重点检查），如有问题不允许使用，及时上报，否则一经发现罚款 100 元。

如经质检员检查，脱模工序长时间按照检查标准执行，对脱模工人奖励 50 元。

（五）清　模

1. 先用钢丝球或刮板将内腔残留混凝土及其他杂物清理干净，使用压缩空气将模具内腔吹干净，以用手擦拭手上无浮灰为准，否则一经发现罚款 50 元。

2. 所有模具拼接处（外叶墙侧板与底板、外叶墙侧板与侧板、窗口与底板、窗口侧板与侧板）均用刮板清理干净，保证无杂物残留，否则一经发现罚款 50 元。

如经质检员检查，清模工序长时间按照检查标准执行，对清模工人奖励 50 元。

（六）外叶墙组模

组模时，各部位螺丝校紧，模具拼接部位不得有间隙，确保模具所有尺寸偏差控制在误差范围内，否则一经发现罚款 50 元；如经质检员检查，组模工序长时间按照检查标准执行，对组模工人奖励 50 元。

（七）涂刷脱模剂及界面剂

1. 涂刷脱模剂后的模具表面不准有明显痕迹，否则一经发现罚款 50 元。

2. 脱模剂必须采用水性脱模剂，且需时刻保证抹布（或海绵）及脱模剂干净无污染，否则一经发现罚款 50 元。

3. 涂刷界面剂必须涂刷均匀，严禁有流淌、堆积的现象。涂刷完的边模要求涂刷面水平向上放置，20 min 后方可垂直放置绑扎钢筋笼，否则一经发现罚款 50 元。

4. 涂刷厚度不少于 2 mm，且需涂刷两次，两次涂刷时间的间隔不少于 20 min，否则一经发现罚款 50 元。

如经质检员检查，涂刷脱模剂、界面剂工序长时间按照检查标准执行，对涂刷脱模剂、界面剂工人奖励 50 元。

（八）钢筋及埋件入笼

1. 钢筋笼放入模具后要检查四周和底部保护层是否符合要求，钢筋网片四边采用飞轮保证保护层，保护层误差范围为±3 mm，严重扭曲的钢筋笼不得使用，否则一经发现罚款 50 元。

2. 各种埋件（预埋螺栓等）需固定在指定位置，预留孔中心线偏差不超过±5 mm，保证螺栓垂直，垂直度≤1/40。预埋螺栓要严格按照图纸要求加工制作或采购，否则一经发现罚款 50 元。

（九）混凝土浇筑及振捣

无特殊情况时必须采用固定在模具上的振动电机进行整体振捣，如有特殊情况（如坍落度过小、局部堆积过高等）时可以采用振捣棒振捣。振捣至混凝土表面无明显气泡溢出，保证混凝土表面水平，无突出石子，否则一经发现罚款 50 元。

（十）铺装挤塑板

1. 挤塑板应按照图纸要求使用专用工具进行打孔，保证孔的尺寸及孔间距符合图纸要求，允许误差 3 mm，否则一经发现罚款 50 元。

2. 拉结件与孔之间的空隙使用发泡胶封堵严实，否则一经发现罚款 50 元。

3. 事先按图纸尺寸用电锯切割挤塑板，保证切口平整，尺寸准确，尺寸偏差不大于 2 mm，否则一经发现罚款 50 元。

（十一）内叶墙组模及钢筋入笼

1. 保证内叶墙箍筋保护层厚度达到设计要求，否则一经发现罚款 100 元。

2. 将内叶墙模具三面留槽处封堵严实，以免漏浆，否则一经发现罚款 100 元。

3. 将所有外露部分的挤塑板使用塑料布盖严，避免弄脏，否则一经发现罚款 50 元。

4. 所有预埋的内螺纹套筒下部严禁漏穿钢筋，且保证每个内螺纹套筒上均有一根钢筋，保证螺纹套筒在钢筋的中间，否则一经发现罚款 100 元。

5. 保证电器盒上表面与内叶墙混凝土上表面平齐，线管需绑扎在钢筋笼上，否则一经发现罚款 50 元。

6. 内叶墙钢筋骨架上，所有埋件不允许倾斜，所有埋件上口需封堵严实，以免进浆，否则一经发现罚款 100 元。

7. 所有内螺纹套筒的上表面低于混凝土表面 10 mm，允许误差 2 mm，否则一经发现罚款 50 元。

8. 安装埋件过程中，严禁私自弯曲、切断或更改已经绑扎好的钢筋笼，否则一经发现罚款 100 元。

（十二）混凝土浇筑及振捣

1. 确保内叶墙振捣完全，不允许出现漏振现象，否则一经发现罚款 100 元。

2. 振捣时不允许触碰任何埋件及挤塑板，以免埋件松动脱落，否则一经发现罚款 50 元。

（十三）抹 面

抹面次数应不少于三次。

1. 先使用刮杠将混凝土表面刮平，确保混凝土厚度不超出模具上沿。

2. 用塑料抹子粗抹，做到表面基本平整，无外露石子，外表面无凹凸现象，四周侧板的上沿（基准面）要清理干净，避免边沿超厚或有毛边。此步完成之后需静停不少于 1 h 再进行下次抹面。

3. 将所有埋件的工装拆掉，并及时清理干净，整齐地摆放到指定位置，锥形套留置在混凝土中，并用泡沫棒将锥形套孔封严，保证锥形套上表面与混凝土表面平齐。

4. 使用铁抹子找平，特别注意埋件、线盒及外露线管四周的平整度（重点是两个以上的线盒，必须保证在同一水平线上，不允许倾斜），边沿的混凝土如果高出模具上沿要及时压平，保证边沿不超厚并无毛边，此道工序需将表面平整度控制在 3 mm 以内，此步完成需静停 2 h。

5. 使用铁抹子对混凝土上表面进行压光，保证表面无裂纹、无气泡、无杂质、无杂物，表面平整光洁，不允许有凹凸现象。此步应使用靠尺边测量边找平，保证上表面平整度在 3 mm 以内。

不按此流程操作的，一经发现罚款 100 元；如经质检员检查，抹面工序长时间按照检查标准执行，对抹面工人奖励 50 元。

（十四）养 护

控制最高温度不高于 60 °C，升温速度为 15 °C/h，恒温不高于 60 °C，时间不小于 6 h，降温速度为 10 °C/h，否则一经发现罚款 100 元。

（十五）打磨和修补

对于平整度超差或外形尺寸超差及边角毛边处要进行打磨处理，保证内叶墙板平整度误差控制在±4 mm，厚度误差±3 mm，长宽误差±5 mm。要求打磨处要平整光洁、棱角处无毛，否则一经发现罚款 50 元。

（十六）构件编号、标识

各生产线所生产构件必须使用标识牌编号，按照所生产项目进行编号，确保编号准确无误，字迹清晰、整齐、整洁。未按以上要求落实的，一经发现给予 50 元罚款处罚。

（十七）存 放

1. 墙板存放应使用专用的存放架，存放架应采用地脚螺栓或焊接等方式固定在地面上。存放架上方用于隔断墙板的槽钢要使用帆布或胶皮等柔软材料包裹好，避免磕碰或摩擦墙板表面。存放时，墙板内叶墙下方应垫好木方，上方应垫好木楔，木楔应用塑料布包裹好，否则一经发现罚款 50 元。

2. 飘窗板存放应使用飘窗板专用的存放架，存放架应采用地脚螺栓或焊接等方式固定在地面上。存放时，墙板飘窗上下应垫好橡胶皮，飘窗上方应用专用的固定工装固定好，否则一经发现罚款 50 元。

3. 阳台板应存放在指定的存放区域，存放区域地面应保证水平。阳台板采用水平放置，层间用木方隔开，层数不超过 2 层，否则一经发现罚款 50 元。

4. 叠合板应放在指定的存放区域，存放区域地面应保证水平。叠合板应分项目、分型号码放，水平放置，层间用木方隔开，层数不超过 7 层，否则一经发现罚款 50 元。

5. 楼梯板应放在指定的存放区域，存放区域地面应保证水平。楼梯板应分项目、分型号码放，下方垫 3 块木方，否则一经发现罚款 50 元。

6. 装饰板应放在指定的存放区域，存放区域地面应保证水平。装饰板采用水平放置，层间用木方隔开，层数不超过 4 层。

如经质检员检查，转运工序长时间按照检查标准执行，对转运班组奖励 100 元。

希望各部门能够认真实施“三检”制度，做好本工序自检、班组复检、质检员专检工作，确保模板和成品应保证水平度、垂直度、平整度、几何尺寸的偏差在允许范围内，能够有效规避构件生产过程易出现的通病，从而提高构件生产整体质量。

# 参考文献

[1] 吴耀清，等. 装配式混凝土预制构件制作与运输[M]. 郑州：黄河水利出版社，2017.
[2] 住房和城乡建设委员会，北京市质量技术监督局. DB11/T 968—2013 预制混凝土构件质量检验标准[S]. 北京：北京市城建科技促进会，2013.
[3] 住房和城乡建设部. JGJ 1—2014 装配式混凝土结构技术规程[S]. 北京：中国建筑工业出版社，2014.
[4] 住房和城乡建设部. GB/T 51231—2016 装配式混凝土建筑技术标准[S]. 北京：中国建筑工业出版社，2017.
[5] 国家质量监督检验检疫总局，国家标准化管理委员会. GB/T 33000—2016 企业安全生产标准化基本规范[S]. 北京：中国标准出版社，2016.
[6] 上海隧道工程股份有限公司. 装配式混凝土结构施工[M]. 北京：中国建筑工业出版社，2016.
[7] 郭学明. 装配式混凝土结构建筑的设计、制作与施工[M]. 北京：机械工业出版社，2017.
[8] 北京城市建设研究发展促进会. 装配式建筑建造构件生产[M]. 北京：中国建筑工业出版社，2018.
[9] 张金树，等. 装配式建筑混凝土预制构件生产与管理[M]. 北京：中国建筑工业出版社，2017.
[10] 陈锡宝，等. 装配式混凝土建筑概论[M]. 上海：上海交通大学出版社，2017.
[11] 夏锋，等. 装配式混凝土建筑生产工艺与施工技术[M]. 上海：上海交通大学出版社，2017.
[12] 赵亚军. BIM 技术在 PC 预制构件工厂建设和运营中的应用[J]. 上海建材，2016（2）.
[13] 纪颖波，等. BIM 技术在新型建筑工业化中的应用[J]. 建筑经济，2013（8）.
[14] 杨培娜，等. 游牧式 PC 构件厂施工探索 [J]. 中天施工技术，2015（12）.
[15] 刘钢. PC 构件生产工厂发展现状与未来展望 [J]. 建筑工业化，2018（2）.
[16] 李正茂. 装配式建筑发展更离不开“工匠精神”[J]. 中国科技博览，2018（32）.